Schrödingers Katze und das Pendel des Todes

Eine quantenmechanische Aufräumaktion

Thomas Krüger[1]

im Jahre 2022

---

[1]Univ.-Doz. Dr. rer. nat. Dipl.-Chem., Anschrift: Bartels Feld B 7, D-33332 Gütersloh, E-mail: boss@quantum-krueger.com

Bibliografische Information der Deutschen Nationalbibliothek:
Die Deutsche Nationalbibliothek verzeichnet diese Publikation in der Deutschen Nationalbibliografie; detaillierte bibliografische Daten sind im Internet über www.dnb.de abrufbar.

ISBN 978-3-7562-1063-3
©2022 Dr. Thomas Krüger
Herstellung und Verlag: BoD - Books on Demand, Norderstedt

Inhaltsverzeichnis

Die Abbildungen vor Beginn und am Ende des Buches zeigen Voder- bzw. Rückseite eines silbernen Denars des Kaisers Didius Julianus aus dem Jahr 193 nach Christi Geburt. So unterschiedlich beide Seiten auch sein mögen - sie repräsentieren doch *ein* Ganzes. Genauso sind Welle und Teilchen nur die zwei untrennbar miteinander verbundenen Facetten *eines* Dinges, des *warticles*. warticle = wave (Welle) plus particle (Teilchen).

Und, by the way, bitte ich die geneigte Leserschaft um Verständnis für meine bisweilen eigensinnigen und eigenwilligen Trennungsregeln. Aber wer soll da heute sowieso noch durchblicken?

Kapitel 1

Einleitung

Die Quantenmechanik (QM) ist eine überaus fruchtbare und nützliche Theorie; nützlich, weil sie erlaubt, das Ergebnis von Experimenten präzise vorherzusagen, neue Experimente zu konzipieren und vor allem die zahllosen Phänomene des Mikrokosmos zu handhaben. Fruchtbar ist sie insbesondere deshalb, weil sie uns geradezu zwingt, Neues zu denken und alte, ausgetretene Pfade zu verlassen. Entstanden ist sie, weil die klassische Mechanik (klM) vom Vordringen in den Mikrokosmos weitgehend überfordert war. Aber bis heute herrscht in der wissenschaftlichen Gemeinde weder Einigkeit über das Verhältnis zwischen klM und QM noch darüber, was uns die Quantenmechanik eigentlich „sagen" will.

Diese Schrift zielt nicht darauf ab, die Debatte um die Quantenmechanik umfassend darzustellen. Dazu wäre ein Werk geradezu lexikalischen Ausmasses notwendig. Vielmehr geht es darum, anhand der wesentlichen Experimente und Problembereiche eine Interpretation ohne Schnörkel, ohne philosophische Verrenkungen zu versuchen. Wenn das gelingt, wird sich vieles klarer erweisen. Wenn nicht, ist die Entwicklung der QM fundamental nicht abgeschlossen.

Schrödingers Katze, also die Frage nach der Realität und der (sinnvollen) Anwendbarkeit der QM, die Unschärferelation, der Welle-Teilchen-Dualismus und die Welt der verschränkten Zustände sind die Themen, die angegangen werden müssen.

Physikalische und mathematische Grundkenntnisse sowie die elementaren Konzepte der Quantenmechanik werden vorausgesetzt. Man sollte also zumindest eine Ahnung davon haben, was eine Wellenfunktion und was ein Operator sein kann. Überdies sollte der Leser einen grundsätzlichen Hang zur Philosophie im allgemeinen und eine gewisse Neugier auf die Philosophie Martin Heideggers im speziellen mitbringen. Aktives Lesen ist angesagt. Ich wollte das Buch schließlich kurz halten.

Kapitel 2

Schrödingers Katze

2.1   Grundbetrachtungen

Die tieferen Gründe, die Erwin Schrödinger sintemalen zur
Erfindung dieses Gedankenexperiments geführt haben, spielen
hier keine Rolle. Wahrscheinlich war er ein Katzenfeind, denn
sonst hätte er wohl eher mit einem Hund denn einem angeblich
putzigen Stubentiger gearbeitet. Jedenfalls geht es um folgendes.
Wie in jedem guten Kochrezept seit Henriette Davidis startet
der Versuch mit *man nehme* - in diesem Fall eine Katze. Selbige
kommt in einen von der Umwelt abgeschlossenen Kasten, in
dem sich außerdem noch befinden: ein radioaktives Präparat,
das mit einer Halbwertszeit τ von genau einer Stunde zerfällt;
ein Geigerzähler, der diesen Zerfall registriert; und eine Höllen-

maschine, die auf das Signal des Zählers so reagiert, daß eine tödliche Dosis HCN - sprich: Blausäure - freigesetzt wird und die Katze eliminiert. Im Vorgriff auf Künftiges: Eliminieren meint ursprünglich, etwas aus seinen Grenzen, aus der Begrenztheit seines Da-Seins hinausbefördern. Dazu später mehr.

Wie beschreiben wir das Ganze quantenmechanisch? Offensichtlich kann die Katze nur in einem von zwei verschiedenen Zuständen vorkommen, nämlich *lebendig* $= L$ oder *tot* $= T$. Der zeitabhängige Zustand der Katze wird beschrieben durch

$$\psi(t) = c_L(t)\psi_L + c_T(t)\psi_T \,. \tag{2.1}$$

Was der Begriff *Wellenfunktion ψ einer Katze* eigentlich bedeuten soll, lassen wir noch offen. Wichtig ist nur, daß die Wellenfunktion normiert ist, d. h.:

$$\begin{aligned}
\langle\psi|\psi\rangle &= \langle c_L\psi_L + c_T\psi_T|c_L\psi_L + c_T\psi_T\rangle \tag{2.2}\\
&:= 1 \tag{2.3}
\end{aligned}$$

Über welche Variable wäre nun zu integrieren? Nennen wir sie einfach σ, die Seins-Variable.

Es ist sicher vernünftig, ψ_L und ψ_T als Basis eines zweidimensionalen Hilbertraumes zu betrachten. Ob uns das zu weitergehenden Erkenntnissen bringt, wird sich zeigen. Jedenfalls sollten dann diese Funktionen normiert sein, was die Handhabung einfacher macht und ihren allgemeinen Einsatz sicher nicht einschränkt.

$$(2.2) \Rightarrow \langle\psi|\psi\rangle = c_L^\star c_L + c_L^\star c_T\langle\psi_L|\psi_T\rangle + c_T^\star c_L\langle\psi_T|\psi_L\rangle + c_T^\star c_T$$
$$\tag{2.4}$$

Wir machen jetzt folgenden Ansatz, wobei $c \in \mathbf{R}$:

$$c_L(t) = c(t) \tag{2.5}$$
$$c_T(t) = \mathrm{i}(1 - c(t)) \tag{2.6}$$

Das Imaginäre müßte hier nicht zum Tragen kommen, aber es eröffnet eine zusätzliche Dimension, die durchaus eine Rolle spielen könnte. Wir halten uns durch die Einführung von i einen Freiheitsgrad zur Beschreibung des Todes offen. Wenn er nicht benötigt werden sollte, wird er sich im folgenden aus den relevanten Gleichungen verabschieden. Wenn nicht, wird er uns weitere Erkenntnisse eröffnen.

Aus (2.4) und (2.3) ergibt sich somit

$$\langle\psi|\psi\rangle = c^2 + \mathrm{i}c(1 - c)\left(\underbrace{\langle\psi_L|\psi_T\rangle - \langle\psi_T|\psi_L\rangle}_{\equiv b}\right) + (1 - c)^2 = 1\,. \tag{2.7}$$

Eine Möglichkeit besteht nun darin, $b = 0$ zu setzen.

$$\Rightarrow c^2 - c = 0\,, \tag{2.8}$$

d. h., c ist entweder gleich 0 oder gleich 1. Die Funktion $c(t)$ wäre dann eine umgedrehte Heaviside-Funktion:

$$H_\tau(t) = \begin{cases} 1 & \text{für } t < \tau \\ 0 & \text{für } t \geq \tau \end{cases} \tag{2.9}$$

$c(t)$ wäre also, bildlich gesprochen, eine Stufenfunktion: Vom Beginn des Experiments bis zum Zeitpunkt $t = \tau$ tut sich nichts;

ψ bleibt gleich ψ_L. Dann aber kollabiert das System instantan vom Leben zum Tod. Das aber kann nicht sein.

Warum? Der radioaktive Zerfall ist nicht deterministischer sondern stochastischer Natur. Die Halbwertszeit τ besagt gerade nicht, daß das radioaktive Objekt exakt beim Erreichen der Zeit τ zefällt, sondern sie besagt nur, daß bei Vorhandensein hinreichend vieler Objekte der Zerfall *im Mittel,* also in 50% der Fälle, bis zur Zeit τ stattgefunden hat. Der Begriff der Halbwertszeit macht also nur Sinn in Bezug auf ein Ensemble gleichartiger Objekte. Die *individuelle* Zerfallszeit, um die es in diesem Experiment eigentlich geht, ist um den Mittelwert τ herum gleichverteilt!

Wenn dem so ist, können wir aber lediglich sagen, daß $c(t = \tau) = 0,5$. Salopp gesagt liegt dann wegen (2.5) die Katze in einer Art 50:50-Mischung aus Leben und Tod vor. Würden wir genau jetzt den Behälter öffnen - welch ein Zombie würde uns da begegnen?

Gleichung 2.7,

$$2c^2 - 2c + 1 + \mathrm{i}c(1 - c)b = 1\,, \qquad (2.10)$$

liefert mit $c = 0,5$ den Wert $b = -2\mathrm{i}$, und daher ergibt sich

$$\langle\psi_T|\psi_L\rangle = \mathrm{i}\,, \qquad (2.11)$$

denn $\langle\psi_T|\psi_L\rangle = \langle\psi_L|\psi_T\rangle^\star$.

Was lehrt uns dieses Experiment? Nach der Kopenhagener Deutung der Quantenmechanik macht die Wellenfunktion ψ lediglich eine Aussage über das Ergebnis einer Messung, *sofern* wir diese Messung auch tatsächlich durchführen, also den

Behälter öffnen. Mit einer Wahrscheinlichkeit von 50% finden wir das Tier quietschlebendig (wenn auch etwas verstört) vor; mit der selben Wahrscheinlichkeit liegt sie tot im Kasten. Wir denken immer daran, daß der Begriff der Wahrscheinlichkeit hier nur dann einen Sinn hat, wenn das Experiment also beliebig oft wiederholt wird, so daß Wahrscheinlichkeit DE FACTO als gewichtete Häufigkeit auftritt. Genaugenommen findet erst jetzt die oben erwähnte Heaviside-Funktion ihre Berechtigung. Mit dem Begriff der Wahrscheinlichkeit in Bezug auf Einzelereignisse zu argumentieren gestaltet sich schwierig. Insofern fragte sich Niels Bohr mit Bezug auf das Katzenexperiment: „So what?"

Ganz anders erscheint die Situation den Realisten. Erwin Schrödinger und andere gehen davon aus, daß ψ der Repräsentant eines Quantenobjekts in einer Formelsprache ist, d. h., ψ steht nicht für unsere *Kenntnis* über ein Objekt, sondern für das Objekt selbst. Und damit haben wir das Problem mit dem Zombie - es sei denn, wir beschränkten uns auf einen stochastischen Zugang in dem Sinne, daß die Quantenmechanik nur Ensembles behandelt und keine einzelnen Objekte. Dann hätten wir es nämlich nicht mit einem Zombie zu tun, sondern lediglich bei der n-fachen Durchführung des Experiments mit einer Menge einzelner Situationen, also quasi einer Ansammlung toter und lebender Katzen im Verhältnis 50:50.

Wir lassen diese Frage im Moment unbearbeitet und konzentrieren uns auf (2.11).

Man würde erwarten, daß „Leben" und „Tod" einen maximalen Kontrast zueinander bilden, im Rahmen unserer Formelsprache also zueinander orthogonal sind: $\langle \psi_T | \psi_L \rangle = 0$. Tatsächlich aber ist der Wert dieses Integrals gleich i, also imaginär, und i ist nun einmal $\neq 0$! Was weiter können wir über den Zusammenhang zwischen Leben und Tod herausfinden? Wenn das Integral imaginär sein soll, macht es Sinn, ψ_L und ψ_T als komplexe Größen anzusetzen:

$$\psi_L = A + \mathrm{i}B \quad \text{und} \quad \psi_T = X + \mathrm{i}Y \tag{2.12}$$

Damit ergibt sich

$$\psi_T^\star \psi_L = AX + BY + \mathrm{i}(BX - AY). \tag{2.13}$$

Damit das Integral über die linke Seite mit Sicherheit gleich i ist, müssen die folgenden Beziehungen gelten:

$$\begin{aligned} AX + BY &= 0 \\ BX - AY &= 1 \end{aligned} \tag{2.14}$$

Aus der Normiertheitsforderung an ψ_L erhalten wir $A^2 + B^2 = 1$ und damit letztlich

$$\psi_L = A + \mathrm{i}B \quad \text{und} \quad \psi_T = B - \mathrm{i}A. \tag{2.15}$$

Diese doppelte Spiegelsymmetrie zwischen „Leben" und „Tod", real vs. imaginär und positiv vs. negativ, ist verblüffend und bedarf noch ihrer Enträtselung. Auf jeden Fall aber zeigt die Anwendung der QM auf ein Problem, für das sie zunächst gar nicht gemacht erscheint, nämlich daß sie zu weit über das Übliche hinausreichenden Gedanken führen kann. Und *wenn* wir sie als *die* umfassende Theorie akzeptieren, wird sie uns helfen, über den Tellerrand unserer bisherigen Vorstellungen hinauszublicken.

Damit haben wir zumindest einen Hinweis darauf, daß die QM, auf einzelne Aspekte unserer Alltagswelt bezogen, die klM wertvoll ergänzen kann.

2.2 Ausblick

Und damit sind wir bei einem entscheidenden Punkt, nämlich der Frage, was wir eigentlich machen bzw. was das Ganze denn soll. Die 1980er und 90er Jahre waren ein Zeitraum voll spannender Entwicklungen, was die Grundlagen und Grundfragen der QM anbelangt. Seither hat sich jedoch eine erhebliche Schläfrigkeit über die Diskussionen gelegt. Die Experimentatoren haben wieder das Wort, was ja keineswegs falsch ist, aber leider ist die Theorie (als Kontrast zum Experiment) in ihrer Entwicklung steckengeblieben. Falls ich es etwas drastisch formulieren darf: Die „Riege der alten Männer" hat sich in ihren Aussagen verrannt, und dabei ist es geblieben. Man konsumiere z. B. [1].

Der entscheidende Punkt ist: Man hat Wissenschaftstheorie betrieben - und nicht etwa Philosophie, um aus den Formalismen, die sich im experimentellen Alltag bewährt haben und bewähren, Ideen und Anregungen für ein Weiter-Denken zu gewinnen. Die Wissenschaftstheorie liefert uns PER SE keine Einsicht in die wesentlichen Begriffe, mit denen wir hier hantieren. Dafür braucht es mehr.

Was verstehen wir unter „Realität"? Dieser Begriff leitet sich ab von lateinisch RES, gleich Ding, Sache, Tat. Realität ist demnach die Sphäre all dessen, was ist, und zwar egal ob es A PRIORI ist oder erst *gemacht* wurde, also durch unser Tun so entstanden ist. Die Realität ist dasjenige, was man greifen kann, was also ein Da-Sein und zugleich ein So-und-so-Sein hat. Einfacher formuliert: Ein mit 65 ml Äthanol gefüllter Erlenmeyerkolben ist real, denn ich kann ihn greifen, also sein Da-Sein haptisch erkunden, aber auch etwas über sein So-und-so-Sein erfahren, indem ich z. B. den Inhalt ausleere und mir anschaue, was wie passiert. In gleicher Weise ist auch ein Elektron real, denn es ist mir haptisch zugänglich, wenn ich nur meine Zugriffsmöglichkeit raffiniert genug gestalte, und ich kann auch Kenntnis über sein So-und-so-Sein erlangen, indem ich unter Zuhilfenahme einer Theorie experimentiere. Beim Erlenmeyerkolben habe ich eine Theorie über Kolben und Inhalt, kann daraufhin experimentieren, und lerne etwas. Nichts anderes geschieht beim Umgang mit dem Elektron. Theorie $\Rightarrow$ Experiment $\Rightarrow$ Lerneffekt.

Nun kommt uns unweigerlich N. David Mermins berühmte Frage in den Sinn: Is the moon there, if nobody looks? Anders gesagt: Nur durch das Experiment kommen wir zu Kenntnissen über das jeweilige So-und-so-Sein. Aber gibt es auch etwas (Da-Sein) mit einem spezifischen, je eigenen So-und-so-Sein, wenn wir *nicht* nachschauen, sprich: *nicht* experimentieren? Nochmal anders gefragt: Gibt es eine Welt unabhängig von unserer Interaktion, oder ist etwa alles nur unser Gemachtes? Und fragen wir uns ein weiteres mal anders herum: Was wäre denn daran so schlimm?

Wir sollten uns von dem Gedanken freimachen, es gäbe ein Da-Sein um uns herum und zugleich unabhängig von uns. Wir werden sehen, daß es viel einfacher ist, uns nicht als separiert von der Welt sondern als integralen Bestandteil eines großen Ganzen zu sehen.

Kapitel 3

Die Unschärferelation

3.1 Herleitung

Wir müssen grundsätzlich unterscheiden zwischen dem, was
war, ist und sein kann einerseits und den entsprechenden
Repräsentanten im Rahmen eines mathematischen Formalismus andererseits. Die „Dinge", um die es uns dabei geht,
begegnen uns in dem Formalismus als Elemente eines speziellen
Vektorraums, nämlich dem Vektorraum der (komplexen)
quadratintegrablen Funktionen $\mathbf{L_2}$ mit dem Vektorprodukt
$\langle \vec{a}|\vec{b}\rangle$, wobei

$$\langle \vec{a}|\vec{b}\rangle \equiv \int a(x)^\star b(x)\,dx\,. \tag{3.1}$$

$$\langle \vec{a}|\vec{a}\rangle \;\geq\; 0 \text{ und} \tag{3.2}$$

$$\langle \vec{a}|\vec{b}\rangle \;\neq\; \langle \vec{b}|\vec{a}\rangle \; \forall\, \vec{a},\vec{b}. \tag{3.3}$$

Gegeben seien nun zwei Vektoren, nämlich $\vec{a}$ und $\vec{b}$, sowie eine zunächst *beliebige*, reelle Zahl λ. Wenn dann gilt

$$\langle \vec{a} - \lambda\vec{b}\,|\,\vec{a} - \lambda\vec{b}\rangle \geq 0\,, \tag{3.4}$$

$$\text{dann}\;\Rightarrow\; \langle \vec{a}|\vec{a}\rangle - \lambda\left(\langle \vec{a}|\vec{b}\rangle + \langle \vec{b}|\vec{a}\rangle\right) + \lambda^2\langle \vec{b}|\vec{b}\rangle \geq 0\,. \tag{3.5}$$

Wir definieren den Betrag eines Vektors wie folgt:

$$\|\,\vec{a}\,\| \;:=\; +\sqrt{\langle \vec{a}|\vec{a}\rangle} \tag{3.6}$$

$$\Rightarrow \langle \vec{a}|\vec{a}\rangle \;=\; \|\,\vec{a}\,\|^2 \tag{3.7}$$

Damit erhalten wir aus (3.5)

$$\|\,\vec{a}\,\|^2 - \lambda\left(\langle \vec{a}|\vec{b}\rangle + \langle \vec{b}|\vec{a}\rangle\right) + \lambda^2\,\|\,\vec{b}\,\|^2 \geq 0\,. \tag{3.8}$$

Nach einigem Herumrechnen und -denken kommen wir zu einer Variante der Cauchy-Schwarz-Ungleichung, nämlich

$$\|\,\vec{a}\,\|^2 \cdot \|\,\vec{b}\,\|^2 \geq \frac{1}{4}\left(\langle \vec{a}|\vec{b}\rangle - \langle \vec{b}|\vec{a}\rangle\right)^2. \tag{3.9}$$

Da die linke Seite reell ist, muß natürlich auch die rechte reell sein. (...) ist daher durch den Betrag zu ersetzen. Durch das Ziehen der Wurzel erhalten wir dann als stringentere der beiden Möglichkeiten

$$\|\,\vec{a}\,\| \cdot \|\,\vec{b}\,\| \geq \frac{1}{2}\left|\langle \vec{a}|\vec{b}\rangle - \langle \vec{b}|\vec{a}\rangle\right|. \tag{3.10}$$

Die meisten Lehrbücher gehen großzügig, um nicht zu sagen: nachlässig, über die Details dieser Herleitung hinweg. So what? Viel wichtiger aber ist die Frage: Was hat das Ganze mit der Quantenmechanik zu tun?

Gegeben sei eine physikalische Größe P, die verschiedene Werte p_i annehmen kann. Im Rahmen der üblichen, quantenmechanischen Denkweise sind diese Werte Eigenwerte eines selbstadjungierten Operators $\hat{P}$. Weiter sei w_i die Wahrscheinlichkeit für das Auftreten von p_i, d. h., Wahrscheinlichkeit interpretieren wir (zunächst) als Häufigkeit für das Auftreten eines bestimmten Ereignisses bei oftmaliger Wiederholung ein und derselben Prozedur. Damit können wir den Mittelwert $\bar{p}$ von P wie folgt definieren:

$$\bar{p} := \sum_{i=1}^{n} w_i p_i \tag{3.11}$$

Nach unbestrittenem Postulat bzw. Axiom entspricht dieser Mittelwert dem quantenmechanischen Erwartungswert, d. h.,

$$\bar{p} = \langle \psi | \hat{P} \psi \rangle \text{ mit } \langle \psi | \psi \rangle = 1 \,. \tag{3.12}$$

Die Wahrscheinlichkeit, daß p in das Intervall zwischen p_j und p_k fällt, ist

$$\int_{p_j}^{p_k} \psi(p)^{\star}\, \psi(p)\, dp \text{ bzw. } \langle \psi | \psi \rangle \Big|_{p_j}^{p_k} \,. \tag{3.13}$$

Die Standardabweichung σ ist die Wurzel aus der Varianz, d. h.,

$$\sigma(P)^2 = V(P) \,, \tag{3.14}$$

wobei

$$V(P) := \sum_{i=1}^{n} (p_i - \bar{p})^2 \cdot w_i \,. \tag{3.15}$$

Der erste Term eines jeden Summanden ist die quadratische Abweichung des Wertes p_i vom Mittelwert $\bar{p}$, während der zweite Term die Wahrscheinlichkeit für das Auftreten von p_i angibt. Auf die Quantenmechanik umgemünzt:

$$V(P) = \langle \psi | (\hat{P} - \bar{p}\hat{E})^2 \psi \rangle \tag{3.16}$$

$\hat{E}$ ist der Einheitsoperator.

$$V(P) \;=\; \langle \underbrace{(\hat{P} - \bar{p}\hat{E})\psi}_{:=\psi_P} \, | (\hat{P} - \bar{p}\hat{E})\psi \rangle \tag{3.17}$$

$$\;=\; \langle \psi_P | \psi_P \rangle \tag{3.18}$$

$$\;=\; \| \, \psi_P \, \|^2 \tag{3.19}$$

In Analogie zu P führen wir nun eine weitere Größe Q ein und erhalten dann aus (3.9)

$$V(P) \cdot V(Q) \geq \frac{1}{4} \Big| \langle \psi_P | \psi_Q \rangle - \langle \psi_Q | \psi_P \rangle \Big|^2 \,. \tag{3.20}$$

Längeres Rechnen auf bekannten Pfaden führt uns letztendlich zu der Beziehung

$$\sigma(P) \cdot \sigma(Q) \geq \frac{1}{2} \Big| \langle \psi | [\hat{P}, \hat{Q}] \psi \rangle \Big| \,, \tag{3.21}$$

wobei $[\ldots] \equiv \hat{P}\hat{Q} - \hat{Q}\hat{P}$ der Kommutator der beiden Operatoren $\hat{P}$ und $\hat{Q}$ ist.

3.2 Die Bedeutung der Heisenbergschen Unschärfe

Was sagt uns (3.21)? Wir beziehen uns auf das historisch erste und bis heute wichtigste Beispiel. Sei Q der Ort und P der Impuls eines „Dinges". Dafür hat Heisenberg 1927 auf sehr heuristischem Weg eine Variante der Gleichung 3.21 hergeleitet, und zwar

$$\sigma(Q) \cdot \sigma(P) \geq \frac{\hbar}{2}. \tag{3.22}$$

Die Unschärfe - genauer: Standardabweichung - des Ortes, multipliziert mit derjenigen des Impulses, kann nicht gleich 0 sein. Andererseits gibt es natürlich Eigenschaftspaare (P,Q), für die die rechte Seite von (3.21) verschwindet. Auf den Punkt gebracht: Wenn die Operatoren, die ein Paar möglicher Eigenschaften eines quantenmechanischen „Dinges" repräsentieren, miteinander *kommutieren*, wird die rechte Seite von (3.21) gleich 0, und damit *kann* (muß aber nicht) das Produkt der Unschärfen ebenfalls gleich 0 werden.

Was bedeutet das jetzt alles? Wir leiten zunächst die ursprüngliche Heisenberg-Form her. Für die fraglichen Operatoren für Ort und Impuls gelte (im eindimensionalen Fall):

$$\hat{Q} = x \quad \text{und} \quad \hat{P} = \frac{\hbar}{i} \frac{d}{dx} \tag{3.23}$$

Damit ergibt sich für den essentiellen Term auf der rechten Seite der Ungleichung 3.21

$$\left\langle \psi \left| \frac{\hbar}{i} \psi \right\rangle - \left\langle \psi \left| x \frac{\hbar}{i} \frac{d}{dx} \psi \right\rangle \right. . \tag{3.24}$$

(3.21) wird genau dann am ausgeprägtesten, also von der Aussage her maximal stringent, wenn der zweite Term in (3.24) verschwindet, und wir erhalten dadurch sofort (3.12).

Was bedeutet nun diese Heisenbergsche Unschärferelation? Zunächst einmal müssen wir uns mit der Tatsache anfreunden, daß es zu jedem Paar von Eigenschaften P, Q bzw. Operatoren $\hat{P}$, $\hat{Q}$ beliebig viele Ungleichungen der Art (3.21) gibt, denn auf deren rechter Seite steht ja nicht der Kommutator sondern das Skalarprodukt über selbigen. Jede Unschärferelation hängt daher von der präzisen Form der Wellenfunktion ψ ab. Im allgemeinen beschränkt man sich zwar auf den jeweiligen Extremfall und erhält somit Ungleichungen der Art (3.22), aber nichtsdestotrotz stoßen wir wieder auf die Frage: Was ist ψ?

Wichtiger ist aber im Moment die Frage nach der Bedeutung von „Unschärfe". Wofür steht dieser Begriff? Die obige Herleitung zeigt, daß „Unschärfe" nur ein anderes Wort für „Standardabweichung" (σ) ist. Die ganze Diskussion macht also nur Sinn im Rahmen einer *statistischen* Betrachtung der Mikrowelt. Wenn wir eine große Anzahl gleichartiger Experimente durchführen, die bzgl. einer physikalischen Größe P zu einem Mittelwert $\bar{p}$ führen, dann liegen, sofern wir annähernd eine Normalverteilung der Meßwerte haben, rund 68 % in dem Intervall $\bar{p} \pm \sigma(\text{P})$. Es leuchtet also durchaus ein, von einer Unschärfe zu reden.

Aber - so einfach ist die Sache nicht. Wäre σ ein rein statistisches Phänomen, so hieße es, daß jedes einzelne Untersuchungsobjekt in der ganzen Abfolge identischer Experimente einen präzisen Eigenschaftswert besäße, der nach den Umständen der jeweiligen Einzelmessung zu einem Meßwert p_i

aus der Menge aller möglichen Werte führte. Die Verschiedenheit der gemessenen Werte hinge dann nur von Schwankungen bei der Durchführung des jeweiligen Einzelexperiments ab. Das Einzelne ist exakt. Es verschmiert aber gleichsam durch nicht nachvollziehbare Nebeneffekte der Messung, also minimale Veränderungen aller in Frage kommenden Felder.

Diese Art von Unschärfe können wir als *subjektiv* bezeichnen, denn sie rührt von unserem Eingriff in die Mikrowelt her - ohne den selbige exakt wäre. Oder etwa nicht? σ ergibt sich aus der zu untersuchenden Eigenschaft P, also dem entsprechenden Operator $\hat{P}$, und der Wellenfunktion ψ. Solange letztere nur das fragliche Ding charakterisiert und nicht die ganze Welt drumherum auch, so lange hat σ mit der Messung, also mit unserem Eingriff, nichts zu tun. Daher muß die Unschärfe *objektiver* Art sein. Sie wohnt den Dingen inne.

Welche Rolle spielt dabei $\hat{P}$? Dieser Operator ist das mathematische Abbild der *Eigenschaft* und nicht etwa des Meßvorganges, denn in $\hat{P}$ steckt ja keinerlei Information über den Meßapparat an sich; keine Temperatur des Detektors, keine Masse, keine Aussage über seinen Bau oder ähnliches. Damit setzen wir aber auch voraus, daß es Eigenschaften A PRIORI „gibt". Einem „Ding" wohnen Eigenschaften inne, denn sonst könnten wir sie gar nicht messen. Der Grund ist simpel: Ohne die Voraussetzung eines *So-und-so*-Seins könnten wir gar kein Versuchsdesign ersinnen, um zu messen. Erst wenn wir eine klare Vorstellung von der Eigenschaft haben, sind wir in der Lage, einen Detektor zu bauen, der uns einen Zahlenwert zu der Eigenschaft liefert.

SUMMA SUMMARUM: Die Objekte der Mikrowelt entziehen

sich ein Stück weit unserer Vorstellung, da Ort$\otimes$Impuls nicht nur nicht präzise anzugeben, sondern vielmehr PER SE unpräzise ist. Sie vereinen den Charakter von Teilchen mit dem von Wellen, und der Preis, der dafür zu zahlen ist, ist die Präzision. Daher sollten wir diese „Dinger" *Weilchen* (= Welle$\otimes$Teilchen) bzw. *warticles* (= waves$\otimes$particles) nennen. Sie unterliegen einer Art Nullpunktsschwingung des Da-Seins. Beim Übergang von der klassischen zur Quantenmechanik verlieren wir Wissen, *weil* das Elementare PER SE unscharf ist. Daher kann uns ψ eben nur Wahrscheinlichkeitsaussagen liefern.

Über welche Größenordnung reden wir eigentlich? Betrachten wir ein Teilchen, das im Bereich atomarer Dimensionen lokalisiert ist. Δx sei also gleich 1 Å $\equiv 10^{-10}$ m. Daraus läßt sich direkt die Impulsunschärfe berechnen - aber was sagt sie uns? Falls wir eine Situation haben, in der wir uns über Felder keine Gedanken machen müssen, führt uns die Impulsunschärfe wegen $E = 1/2m\,p^2$ direkt zu einer Energieunschärfe. Und dann? Mit Hilfe der Gleichung $E = h\nu$ kommen wir zu einem Ausdruck für die Unschärfe der de Broglie-Welle. Aber all das hilft nicht wirklich weiter, um ein Gefühl für die praktische Relevanz der Gleichung zu bekommen.

3.3   Ein kurzer Blick in die Literatur

Oft wird das Bestehen der Unschärferelation argumentativ durch den Welle-Teilchen-Dualismus gerechtfertigt, d. h. durch die Annahme, daß die Mikroobjekte der Quantenmechanik gleichsam je nach Fragestellung einmal als Teilchen, einmal als Welle erscheinen. Diesen Dualismus haben wir bereits obern besprochen. „Für eine ebene Welle, die einem scharf bestimmten Impuls p entspricht, ist der Ort völlig unbestimmt. Eine lokalisierte Wahrscheinlichkeitsverteilung mit einer Breite Δx ergibt sich bei Überlagerung von ebenen Wellen zu Impulsen aus einem Bereich Δp. Je schmaler Δx ist, desto breiter muß Δp sein. ... Physikalisch hat das Bestehen der Unbestimmtheitsrelation seine Ursache darin, daß jede Messung einer mechanischen Größe ... an einem System von Teilchen sehr geringer Masse in sehr kleinen Raumbereichen ... zwangsläufig mit einem drastischen Eingriff in das System durch die Wirkung des (makroskopischen) Meßgeräts verbunden ist. Dadurch werden die Werte bestimmter anderer Größen in unkontrollierter Weise verändert." [2] Diese Deutung ist insofern unbefriedigend, als zum einen Dualismus und Wahrscheinlichkeitsinterpretation miteinander unklar gemixt werden, zum anderen aber das Experimentieren an sich eine zentrale Rolle spielt, obgleich in (3.21) nur system*immanente* Größen auftreten - es sei denn, man identifiziere die Operatoren $\hat{Q}$ und $\hat{P}$ mit den jeweiligen Meßgeräten. Kurzum: Diese Deutung wirft mehr Fragen auf als sie klärt, aber sie findet sich in sehr vielen Standardwerken [3].

Eher mathematisch gedeutet zeigt die allgemeine Form der Unschärferelation, daß ψ niemals Eigenvektor *aller* in Frage kommenden Operatoren sein kann. Es lassen sich immer Paare von Eigenschaften (und damit Paare zugehöriger Operatoren) finden, die prinzipiell nicht beliebig genau gemessen werden können. Diese physikalische Unschärfe ist das Äquivalent einer mathematischen Unverträglichkeit der entsprechenden Operatoren, die sich darin zeigt, daß der zugehörige Kommutator gerade eben *nicht* verschwindet. Die Unschärferelation zeigt also eine den Dingen innewohnende Unvereinbarkeit gewisser Eigenschaften [4].

Zu der empirischen Überprüfung einer Unschärferelation bemerkt Ballentine [5]: „One must have a repeatable preparation procedure corresponding to the state ... which is to be studied. Then on each of a large number of similarly prepared systems, one performs a single measurement (either of Q or of P)." Aus der statistischen Verteilung der Resultate lassen sich ΔQ und ΔP ermitteln. Diese statistischen Größen „have often been misinterpreted as the errors of individual measurements." In seiner rein statistischen Auffassung bezieht sich Ballentine auf Arbeiten von Popper aus dem Jahre 1934.

Oft genug liest man, die Unschärferelation besage, daß „die *prinzipielle* (naturgesetzliche) *Kenntnis* über den Ort *und* die Geschwindigkeit eines Teilchens begrenzt ist" [6]. Das einzige, was wir daraus lernen ist, daß der Autor glaubt, Teilchen hätten einen Ort und einen Impuls bzw. eine Geschwindigkeit, aber unsere Unkenntnis darüber sei prinzipieller Natur. Das hilft natürlich nicht weiter.

v. Weizsäcker erläutert die Sache so: „In der Quantenmechanik eines Teilchens gibt es keinen Zustand, bei dem Ort und Impuls zugleich bestimmte Werte haben. Es gibt allenfalls Zustände, die im Phasenraum (von Ort und Impuls) ein *Wellenpaket* bestimmen, dessen mittlere Ausdehnung durch die 'Un*bestimmtheits*relation' beschrieben wird [7].

Letztlich geht es also darum, ob wir einem quantenmechanischen Teilchen Ort *und* Impuls zuschreiben oder nicht. Wenn ja, geraten wir in Schwierigkeiten, denn dann kann das Teilchen zwar einen definierten Ort aber keinen Impuls haben oder umgekehrt. Ansonsten wäre die Quantenmechanik verletzt, es sei denn, wir interpretierten die Unschärfe als rein subjektives Phänomen. Zu den damit verbundenen Problemen s. o. Wenn wir aber dem Teilchen nichts zuschreiben, stellt sich ein ganz anderes Problem: Wie kommen wir von einem der QM gehorchenden Teilchen *ohne* Ort-Impuls-Kombination zu einem *makroskopischen* Teilchen *mit* Ort-Impuls-Kombination? Die Frage lautet also: Gibt es einen Übergang zwischen klM und QM? Diese Frage analysieren wir im folgenden anhand des Pendels bzw. des harmonischen Oszillators.

Bevor wir dazu kommen, sollte aber eines noch gesagt werden: Alles, was in der Literatur verbreitet worden ist, eignet sich *nicht*, die Unschärferelationen befriedigend zu erklären. Das geht nur mit der Idee der *warticles*.

3.4   Der Mößbauer-Effekt

Bevor wir uns der Mühe unterziehen, das Verhältnis von klM zu QM anhand des Pendels bzw. harmonischen Oszillators zu untersuchen, stellen wir noch einmal die Frage nach der Relevanz der Unschärferelation. Wenn ein Atom ein Photon emittiert, muß dessen Impuls durch einen entgegengesetzten, betragsmäßig gleichen Rückstoßimpuls ausgeglichen werden, den das Atom aufnimmt. Atome in einem angeregten Zustand emittieren praktisch ausschließlich im sichtbaren bzw. UV-Bereich. Betrachten wir jedoch angeregte *Kerne*, so bewegen wir uns im Bereich der γ-Strahlung. Der entsprechende Impuls

($p = h\nu/c = E/c$) beträgt z. B. im Fall des Isotops Iridium-191 mit einer Strahlung von 129 keV (= $2,067 \cdot 10^{-14}$ J) $6,895 \cdot 10^{-23}$ m/s^2. Das ist für einen Iridium-Kern ein ordentlicher Schubs. Die entsprechende Energie geht natürlich dem γ-Quant verloren. Damit ist aber klar, daß ein anderer, identischer Kern mit diesem Quant nichts mehr anfangen kann, denn dessen Energie reicht dann für eine Absorption nicht mehr aus.

Was aber, wenn es gelänge, den Rückstoß zu unterbinden? Der emittierende Kern würde nicht in Bewegung gesetzt. Wir hätten daher zugleich eine präzise Lokalisierung des emittierenden Kerns (also $\Delta x \approx 0$) und auch eine präzise Festlegung der Energie ($\Delta E \approx 0$). Wäre das nicht ein Widerspruch zu derjenigen Unschärferelation, die sich für Ort und Energie herleiten läßt?

Die Antwort lautet: nein. Zweifelsohne ist ΔE, also DE FACTO die Linienbreite, *extrem* gering - die Mößbauer-Spektrallinien sind mit Abstand die schärfsten überhaupt -, aber was passiert mit dem Ort? Die Resonanzabsorption funktioniert nur dann, wenn der Rückstoß eliminiert wird. *Mit* Rückstoß wäre das System verstimmt. Nun kann man aber den fraglichen Kern in das Gitter eines Festkörpers einfügen und die thermischen sowie Eigenschwingungen dieses Gitters durch Abkühlen fast gegen Null fahren. Dadurch verteilt sich der Rückstoß gleichmäßig auf die praktisch unzählbaren Atome des Gitters, und das heißt: Δx für den Festkörper ist riesengroß, für das einzelne Atom durch die breite Verteilung jedoch verschwindend gering. Somit führt der Mößbauer-Effekt die Unschärferelation nicht etwa AD ABSURDUM. Im Gegenteil. Und er zeigt, daß auch Effekte in der Größenordnung von $\hbar$ durchaus wichtig sein können.

By the way: Damit ist experimentell bewiesen worden, daß die Masse eines Photons der Schwerkraft unterliegt.

Kapitel 4

QM vs. klM am Beispiel des Pendels

4.1 Der klassische Fall, einfach

Wir betrachten ein Pendel der Masse m und der Fadenlänge l. m wird als Punktmasse gedacht und die Masse des Fadens vernachlässigt. Reibung soll keine Rolle spielen. Das Pendel schwinge zwischen den Punkten s_{max} mit den Koordinaten (x, h) und $-s_{max}$ mit $(-x, h)$ hin und her. Der Nullpunkt der potentiellen Energie liege bei (0,0).

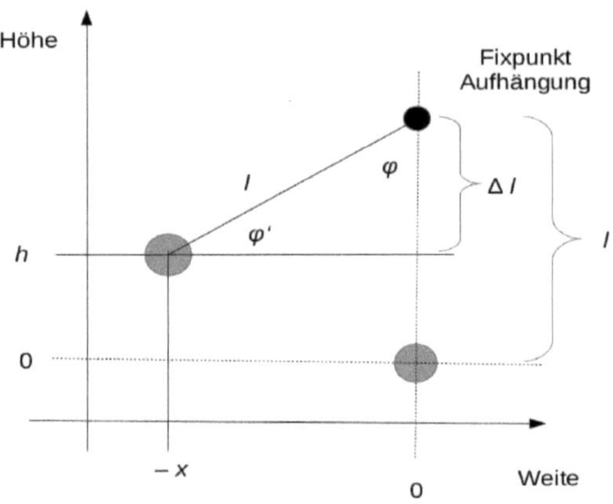

Aus dieser Abbildung folgt sofort:

$$\frac{h}{\Delta l} \;=\; \sin\varphi' \tag{4.1}$$

$$\frac{l}{l+\Delta l} \;-\; \cos\varphi \tag{4.2}$$

$$\Rightarrow \Delta l \;=\; l \cdot \frac{1-\cos\varphi}{\cos\varphi} \tag{4.3}$$

Da $\varphi' = \pi/2 - \varphi$, ergibt sich aus den Additionstheoremen der trigonometrischen Funktionen

$$h = l(1 - \cos\varphi)\,. \tag{4.4}$$

Da der Umfang eines Kreises gleich dem Produkt aus Radius und 2π ist, ergibt sich die Länge des Kreisbogens beim Auslenkungswinkel φ zu $s = l \cdot \varphi$.

Das fragliche Pendel stellt ein abgeschlossenes System dar, d. h., die Summe aus kinetischer und potentieller Energie ist konstant. Mit

$$E_{kin} = \frac{1}{2}mv^2 = \frac{1}{2}m\dot{s}^2 \quad \text{und} \tag{4.5}$$
$$E_{pot} = mgh \tag{4.6}$$

erhalten wir dann

$$\dot{s}^2 + 2gl\left(1 - \cos\frac{s}{l}\right) = \frac{2}{m}E_{ges}\,. \tag{4.7}$$

Um diese Gleichung handhabbar zu machen, entwickeln wir den Cosinus in eine Potenzreihe und brechen nach dem zweiten Glied ab:

$$\cos\frac{s}{l} \approx 1 - \frac{s^2}{2l^2} \tag{4.8}$$

Bei einer Auslenkung um $40°$ beläuft sich der Fehler nur auf gut 1 %. Das ist akzeptabel, und somit erhalten wir

$$\dot{s}^2 + \frac{g}{l}s^2 = \frac{2}{m}E_{ges} \tag{4.9}$$

als Bewegungsgleichung für das Pendel, bezogen auf die Funktion $s(t)$[1].

Für die Lösung dieser Differentialgleichung gibt die Physik ganz klar die Richtung vor: Die Pendelbewegung ist eine Schwingung zwischen zwei Punkten, die mit einer konstanten Schwingungsdauer T abläuft. Wenn wir das Pendel (s. Abb. 1) zum Punkt (x, h) ziehen und zur Zeit $t = 0$ ohne Impuls einfach nur loslassen, ist der Ort der Masse für jede Zeit t durch

$$s(t) = s_{max} \cdot \cos \omega t \qquad (4.10)$$

mit $\omega = 2\pi/T$ gegeben. Eingesetzt in (4.9) ergibt sich

$$s_{max}^2 \omega^2 \sin^2 \omega t + \frac{g}{l} s_{max}^2 \cos^2 \omega t = \frac{2}{m} E_{ges} . \qquad (4.11)$$

Die Zeit*un*abhängigkeit der Gesamtenergie ist dann und nur dann gewährleistet, wenn

$$\omega^2 = \frac{g}{l} , \qquad (4.12)$$

denn dann folgt aus (4.11)

$$\omega^2 s_{max}^2 \underbrace{(\sin^2 \omega t + \cos^2 \omega t)}_{=1} = \frac{2}{m} E_{ges} . \qquad (4.13)$$

---

[1] Diese Gleichung ist vom Typ $y'^2 + b^2 y^2 = a^2$ und ähnelt der Nummer 1.369 in Kamkes Lehrbuch [8]. Ihre allgemeine Lösung lautet

$$y = \frac{a}{b} \left(\frac{1 - c^2}{1 + c^2} \sin bx + \frac{2c}{1 + c^2} \cos bx \right) .$$

Also:

$$E_{ges} = \frac{mg}{2l} \cdot s_{max}^2 \qquad (4.14)$$

(4.10) stellt nur eine der möglichen Lösungen für (4.9) dar. Zum Beispiel könnte ja bei identischem Pendel durchaus die Startauslenkung s_{max} variieren. Wir betrachten zwei solcher Fälle mit verschiedenem s_{max} (l bleibt gleich) und fragen uns, ob denn auch die Überlagerung der beiden eine Lösung der Gleichung 4.9 darstellt. Ob dies physikalisch überhaupt Sinn macht, sei im Moment dahingestellt. Aus

$$s(t) = c_1 s_1(t) + c_2 s_2(t)\,, 0 < c_1, c_2 < 1\,, \qquad (4.15)$$

ergibt sich durch Einsetzen in

$$\dot{s}^2 + \omega^2 s^2 = \frac{2}{m}\,E \qquad (4.16)$$

die Beziehung

$$\omega^2(c_1 s_{max,1} + c_2 s_{max,2})^2 = \frac{2}{m}\,E\,. \qquad (4.17)$$

Bei einer Superposition zweier Lösungen erwartet man auch eine Superposition der zugehörigen Energien, d. h., E sollte gleich $c_1 E_{ges,1} + c_2 E_{ges,2}$ sein. Dies ist aber ersichtlich nicht der Fall, denn durch das Ausquadrieren der Klammer auf der linken Seite von (4.17) entsteht auch ein gemischter Term, der jedoch nicht zum Verschwinden gebracht werden kann.

Beweis: Aus

$$c_1 E_{ges,1} + c_2 E_{ges,2} = E\,, \qquad (4.18)$$

und den bisherigen Befunden folgt:

$$c_1^2 s_{max,1}^2 + 2c_1 c_2 s_{max,1} s_{max,2} + c_2^2 s_{max,2}^2 = c_1 s_{max,1}^2 + c_2 s_{max,2}^2 \,, \tag{4.19}$$

wobei wir voraussetzen, daß $s_{max,1} \neq s_{max,2}$ und beide $\in \mathbf{R}_+$.

$$\Rightarrow c_1(c_1 - 1)s_{max,1}^2 + 2c_1 c_2 s_{max,1} s_{max,2} + c_2(c_2 - 1)s_{max,2}^2 = 0 \tag{4.20}$$

Sinnvollerweise fordern wir $c_1 + c_2 = 1$. Damit ergibt sich:

$$c_1(c_1 - 1) \underbrace{\left(s_{max,1}^2 - 2s_{max,1}s_{max,2} + s_{max,2}^2\right)}_{=(s_{max,1}-s_{max,2})^2} = 0 \tag{4.21}$$

Diese Gleichung ist nicht erfüllbar[2].

q. e. d.

Dieses Resultat verwundert nicht, denn verschiedene Startauslenkungen führen zu verschiedenen Gesamtenergien, und die Überlagerung zweier Zustände mit differierender E_{ges} macht in einer klassischen Betrachtung erst einmal keinen Sinn.

Den Cosinus in Gleichung 4.10 können wir natürlich durch den Sinus ersetzen. Auch damit erhalten wir (4.13) und (4.14),

---

[2]Gehen wir von (4.15) aus, so ist eine Überlagerung in diesem Sinne nicht machbar. Könnte es jedoch sein, daß der für den obigen Beweis genutzte Ansatz (4.18) falsch ist? Rechnet man statt dessen mit

$$f(c_1) \cdot E_{ges,1} + f(c_2) \cdot E_{ges,2} = E \,,$$

wobei f eine reelle Funktion der Koeffizienten c_i sein soll, so treten ebenfalls unlösbare Widersprüche auf, wenn $c_1 + c_2 = 1$ zugrunde gelegt wird.

so daß die allgemeine Lösung unserer Differentialgleichung durch

$$s(t) = s_{max} \left(c_1 \sin \omega t + c_2 \cos \omega t \right) \tag{4.22}$$

mit $c_1, c_2 \in [0,1]$ gegeben sein müßte. Mit diesem Ansatz führt längeres Rechnen statt zu (4.13) dann zu der sehr ähnlichen Gleichung

$$s_{max}^2 \omega^2 \underbrace{\left(c_1^2 + c_2^2 \right)}_{\leq 1} = \frac{2}{m} E_{ges} \, . \tag{4.23}$$

Allerdings beobachten wir nun folgendes: Je nach dem durch den Quotienten c_1/c_2 charakterisierten Mischungsverhältnis zwischen Sinus und Cosinus schwankt die Gesamtenergie zwischen dem vorherigen Wert E_{ges} und $E_{ges}/2$. Was sagt uns das? Der Cosinus in unserer Lösungsfunktion s spiegelt genau die experimentelle Situation wieder, nämlich den Start ($t = 0$) beim Punkt maximaler Auslenkung (s_{max}). Der Sinus simuliert demgegenüber eine Verschiebung des Nullpunkts. Das ist zwar mathematisch möglich aber physikalisch sinnlos. Das Pendel kann nicht zeitgleich von zwei verschiedenen Punkten aus mit der Schwingung beginnen ($x_0 = s_{max}$ bzw. $x_0 = 0$). Also muß der Koeffizient c_1 verschwinden, und somit ist alles wieder in Ordnung.

4.2   Der elegantere Weg

Die Veränderung des Ortes mit der Zeit gehorcht der Euler-Lagrange-Gleichung

$$\frac{d}{dt}\left(\frac{\partial L}{\partial \dot{s}}\right) - \frac{\partial L}{\partial s} = 0 \,, \tag{4.24}$$

wobei für die Lagrange-Funktion L gilt:

$$\begin{aligned} L \;&\equiv\; L(s, \dot{s}, t) & (4.25)\\ &=\; E_{kin} - E_{pot} & (4.26)\\ &=\; \frac{1}{2}\, m\dot{s}^2 - \frac{mg}{2l}\, s^2 & (4.27) \end{aligned}$$

Daraus ergibt sich die Differentialgleichung

$$\ddot{s} + \omega^2 s = 0 \,. \tag{4.28}$$

Auch hier ist wieder $s(t) = s_{max}\cos\omega t$ die angesagte Lösung[3]. Allerdings gibt es einen erheblichen Unterschied zu der vorigen Betrachtungsweise: (4.28) ist eine *lineare* Differentialgleichung, während es sich bei (4.9) bzw. (4.16) um eine *nichtlineare* handelt. Lineare Differentialgleichungen zeichnen sich dadurch aus, daß die Superposition zweier Lösungen auch wiederum eine Lösung darstellt, und das ist hier auch der Fall, wie sich leicht nachvollziehen läßt. Aber auch hier schließt die Startbedingung als Spiegelbild des experimentellen **setups** die Beteiligung des Sinus an der Lösung aus.

---

[3]Die Erweiterung von $s(t)$ auf komplexwertige Funktionen bringt keinen Vorteil.

4.3 Das Pendel aus quantenmechanischer Sicht

Nach wie vor gelten die folgenden Beziehungen:

$$E_{pot} = mgh \quad = \quad \frac{mg}{2l} \cdot s^2 \tag{4.29}$$

$$\frac{\partial L}{\partial \dot{s}} \quad = \quad m\dot{s} \tag{4.30}$$

$$\frac{\partial L}{\partial s} \quad = \quad \frac{mg}{l}\, s \tag{4.31}$$

$$E_{kin} + E_{pot} \quad = \quad \text{const} = E_{ges} \tag{4.32}$$

Unter Verwendung von obiger Gleichungen erhalten wir

$$L + 2E_{pot} = E_{kin} + E_{pot} = E_{ges}\,, \tag{4.33}$$

so daß letztlich

$$\frac{1}{2m}\, m^2 \dot{s}^2 + \frac{mg}{2l}\, s^2 = E_{ges}\,, \tag{4.34}$$

wenn wir den ersten Bruch mit m erweitern. Durch diese Verquickung der klassischen Ansätze sind wir nun in der Lage, zur quantenmechanischen Beschreibung überzugehen.

Der Übergang geschieht dadurch, daß den hier relevanten klassischen Größen Ort und Impuls jeweils ein linearer, selbstadjungierter Operator zugeordnet wird[4]. Es soll jedenfalls gelten:

$$s \longrightarrow \hat{s} = s \tag{4.35}$$

$$m\dot{s} \equiv p \longrightarrow \hat{p} = \frac{\hbar}{i}\frac{\partial}{\partial s} \tag{4.36}$$

Die Anwendung des Ortsoperators $\hat{s}$ auf eine Funktion ist gleich der Multiplikation der Größe „Ort", also der Ortsvariable s, mit dieser Funktion. Wählen wir für sie die Bezeichnung Ψ, so wird aus der Differentialgleichung 4.34 die Eigenwertgleichung

$$-\frac{\hbar^2}{2m}\frac{\partial^2}{\partial s^2}\Psi + \frac{mg}{2l}s^2\Psi = E_{ges}\Psi\,. \tag{4.37}$$

Vorläufig soll uns genügen, daß in der sog. Wellenfunktion Ψ das quantenmechanische „Wissen" über das Pendel enthalten sein müßte, ohne daß wir schon genau wissen, was dies überhaupt sein könnte.

Wir führen nun statt s die dimensionslose Variable ζ gemäß

$$\zeta = \sqrt{\frac{m\omega}{\hbar}} \cdot s \tag{4.38}$$

ein. Ein wenig Herumrechnen führt uns zu der Gleichung

$$-\frac{d^2}{d\zeta^2}\Psi + \zeta^2\Psi = \frac{2E_{ges}}{\hbar\omega}\Psi\,, \tag{4.39}$$

---

[4]Das zentrale Problem für den Übergang von der klassischen zur Quantenmechanik besteht genau in der Frage, was wir unter dem Begriff „Zuordnung" (bzw. kanonische Quantisierung) eigentlich verstehen. Dazu später vielleicht mehr.

die uns das quantenmechanische Wissen liefern sollte[5]. Eine solche Gleichung ruft regelrecht nach der Verwendung einer Gauß-Funktion. Wir probieren also den Ansatz

$$\Psi(\zeta) = \exp^{-\frac{\zeta^2}{2}} \cdot f(\zeta) \tag{4.40}$$

und erhalten mit

$$\frac{d^2\Psi}{d\zeta^2} \equiv \Psi'' = \exp^{-\frac{\zeta^2}{2}} \left\{ (\zeta^2 - 1)f(\zeta) - 2\zeta f'(\zeta) + f''(\zeta) \right\} \tag{4.41}$$

nach trivialen Gleichungsmassagen die Beziehung

$$f'' - 2\zeta f' + \left(\underbrace{\frac{2E_{ges}}{\hbar\omega}}_{=\varepsilon} - 1 \right) f = 0 \,. \tag{4.42}$$

Wenn nun $\varepsilon - 1 = 2n$, $n \in \mathbf{N}_0$, *dann* handelt es sich bei (4.42) um die Hermitesche Differentialgleichung[6], deren Lösungen durch die entsprechenden Polynome $H_i(\zeta)$ gegeben sind. Die energetisch tiefste Lösung ist dann

$$\frac{2E_{ges}}{\hbar\omega} - 1 = 0 \,. \tag{4.43}$$

---

[5]Die partielle Ableitung nach ζ wird hier und im folgenden durch die normale ersetzt, da Ψ für diesen Schwingungsprozeß explizit nur von s abhängt und von t lediglich implizit.

[6]benannt nach dem französischen Mathematiker Charles Hermite (1822-1901), dessen Namen man wie folgt ausspricht: „ärmit" - nicht etwa „ermitee" o. ä.

4.4 Vergleich

Was passiert, wenn wir die quantenmechanischen Gleichungen für ein makroskopisches Pendel benutzen, d. h., für einen schwingenden Gegenstand, den wir tatsächlich greifen können? g ist gleich 9,81 m/s^2 und l, die Fadenlänge des Pendels, sei gleich 10 m. Wir erinnern uns an das von Gerhard Richter in der Münsteraner Dominikanerkirche errichtete Foucault'sche Pendel. Aus diesen Werten erhalten wir $\omega = 0,99\,\mathrm{s}^{-1}$ und damit $E_{ges} = 5,22 \cdot 10^{-35}$ J. Diese Energie ist geradezu lächerlich gering, und wenn wir diesen Wert in Gleichung 4.14 einsetzen, um damit die ihr entsprechende, maximale Auslenkung zu berechnen, so stoßen wir auf $3,26 \cdot 10^{-18}$ m, eine Strecke, die nahezu ein Milliardstel geringer ist als der Durchmesser eines Atoms.

Offensichtlich widerspricht dieses Ergebnis unserer Erfahrung, aber darf man überhaupt erwarten, daß die beiden Theorien ein und dasselbe Ergebnis liefern? Eigentlich ja nicht, denn sonst bräuchte man die QM nicht, um Erklärungen und Vorhersagen zur Mikrowelt zu liefern, jedoch ...

4.4.1 Versuch 1

Wir setzen einfach einmal die Formel für die klassische derjenigen für die quantenmechanisch ermittelte Gesamtenergie gleich:

$$\frac{mg}{2l} \cdot s_{max}^2 = \left(n + \frac{1}{2}\right) \hbar \sqrt{\frac{g}{l}} \tag{4.44}$$

$$\Rightarrow n + \frac{1}{2} = \frac{m}{2\hbar} \cdot \sqrt{\frac{g}{l}} \cdot s_{max}^2 \qquad (4.45)$$

Wir verwenden nun für die Pendellänge und die maximale Auslenkung die schon benutzten Werte und verleihen der schwingenden Kugel eine Masse von 5 kg. Das ist insgesamt ein respektables Pendel. Damit aber ergibt sich n zu ungefähr 10^{34}, d. h. - quantenmechanisch betrachtet - unser harmloses Pendel befände sich im zehn-hoch-vierunddreißigsten angeregten Zustand.

Da paßt auf den ersten Blick nichts zusammen. Was aber ist mit dem Wissen, das angeblich in Ψ steckt? Mit $n = 0$ ist $f_0(\zeta) = 1$ und daher

$$\Psi_0(\zeta) = \exp^{-\zeta^2/2} . \qquad (4.46)$$

Nach landläufiger Interpretation ist das Integral über das Betragsquadrat der Funktion Ψ in den vorgegebenen Grenzen die Wahrscheinlichkeit dafür, das relevante Objekt in diesem Intervall zu finden. Unsere Funktion ist reell, und wir definieren

$$z := \zeta\big|_{s_{max}} = \sqrt{\frac{m\omega}{\hbar}} \cdot s_{max} = 0,71 . \qquad (4.47)$$

Für die gesuchte Wahrscheinlichkeit gilt:

$$\begin{aligned} W &= \int_{-z}^{+z} \Psi_0(\zeta)^2 d\zeta = \int_{-z}^{+z} \exp^{-\zeta^2} d\zeta \\ &= 2 \int_{0}^{+z} \exp^{-\zeta^2} d\zeta \qquad (4.48) \end{aligned}$$

$$= \quad \sqrt{\pi} \cdot \sum_{k=0}^{\infty} \frac{(-1)^k z^{2k+1}}{k!(2k+1)}$$

$$(4.49)$$

Die Summe konvergiert sehr schnell, und wir erhalten $W \approx 1,08$. Wahrscheinlichkeiten über 1 sind aber per se dubios. Wenn wir das Integrationsintervall auf $[-\infty, +\infty]$ ausweiten, also selbst den Fall berücksichtigen, daß sich die Kugel vom Pendelseil oder -faden losreißt, muß dennoch W gleich 1 sein. Die Kugel ist ja irgendwo und hat sich nicht in Luft aufgelöst. Allerdings ergibt sich jetzt die Wahrscheinlichkeit zu $\sqrt{\pi}$. Um solch ein unerwünschtes Ergebnis zu beseitigen, behilft man sich mit der Einführung eines Normierungsfaktors N. Motto: Was weg muß, muß weg. Statt (4.46) arbeiten wir jetzt also mit

$$\Psi_0(\zeta) = N \exp^{-\zeta^2/2} \; . \qquad (4.50)$$

Wenn wir das Intervall $[-\infty, +\infty]$ betrachten, muß die normierte Wahrscheinlichkeit $W_{\infty,N}$ gleich 1 sein. Daraus folgt sofort $N^2 = 1/\sqrt{\pi}$. Daraus erhalten wir für die Integrationsgrenze z $W_{z,N} = 0,61$, d. h., unser schönes Pendel mit einer Faden- oder Seillänge von 10 m, einer Auslenkung von 1 m und einer Masse von stolzen 5 kg ist, salopp gesagt, nur zu einer Wahrscheinlichkeit von 61 % innerhalb des Raumbereichs, den ihm die klassische Physik zugesteht. Auch da kann offensichtlich etwas grundsätzlich nicht stimmen, oder?

Im Gegenteil! Dieses Ergebnis ist völlig einleuchtend, denn wir haben durch den Ansatz (4.44) - salopp gesagt - die QM-Schmiere auf klassische Dimensionen gebracht. Eine Theorie, die *nur* Wahrscheinlichkeitsaussagen machen kann, liefert auch für den Bereich der klassischen Mechanik eben nur solche. Die QM sagt: Sicher ist es nicht, daß sich die Kugel in diesem Raumbereich befindet, aber zu einer gewissen Wahrscheinlichkeit schon - und bei einer Wahrscheinlichkeit von 61 % könnte man durchaus eine entsprechende Wette abschließen.

4.4.2 Versuch 2

Was wird sich ergeben, wenn wir etwas tiefer gehen und jetzt die Gleichsetzung von klassischer und quantenmechanischer Gesamtenergie anhand der diesen beiden Größen zugrunde liegenden Bestimmungsgleichungen versuchen? Aus

$$-\frac{1}{\Psi}\,\frac{\hbar^2}{2m}\,\frac{\partial^2}{\partial s^2}\,\Psi + \frac{mg}{2l}\,s^2 = E_{qm} \qquad (4.51)$$

und

$$\frac{m}{2}\left(\frac{ds}{dt}\right)^2 + \frac{mg}{2l}\,s^2 = E_{kl} \qquad (4.52)$$

ergibt sich dann

$$\frac{1}{\Psi}\,\frac{\partial^2}{\partial s^2}\,\Psi + \frac{m^2}{\hbar^2}\left(\frac{ds}{dt}\right)^2 = 0\,. \qquad (4.53)$$

Diese Gleichung repräsentiert den Unterschied in der Beschreibung der kinetischen Energie. Allerdings haben wir dabei bereits eine Unachtsamkeit begangen. Bei s^2 im zweiten Term auf der linken Seite von (4.51) handelt es sich nämlich genau genommen um das Quadrat des Orts*operators*, also um $\hat{s}^2$, und nicht um das

Quadrat der Variablen s. Wir werden sehen, inwieweit sich dies auswirkt. Jedenfalls setzen wir auf diese Weise die kinetische Energie quantenmechanisch (aus der Ortsableitung der Wellenfunktion) der klassischen (aus der Zeitableitung des Ortes) gleich. Diese - salopp gesagt - verschachtelte Differentialgleichung läßt sich nun einer Lösung näherbringen, wenn wir für die Funktion $s(t)$ Gebrauch von (4.10) machen, denn dann gilt:

$$\left(\frac{ds}{dt}\right)^2 = \omega^2 s_{max}^2 \sin^2(\omega t) \tag{4.54}$$

$$= \omega^2 s_{max}^2 \left(1 - \cos^2(\omega t)\right) \tag{4.55}$$

$$= \omega^2 s_{max}^2 - \omega^2 s^2 \tag{4.56}$$

$$\Rightarrow \frac{d^2}{ds^2}\,\Psi + \left(a - bs^2\right)\Psi = 0\,, \tag{4.57}$$

$b = m^2\omega^2/\hbar^2$ und $a = b\,s_{max}^2$. Die partielle Ableitung nach s wird nun durch die normale ersetzt.

Die Differenz zwischen der klassischen und der quantenmechanischen Betrachtungsweise, Gleichung 4.53, ergibt mit Hilfe des Ansatzes (4.10) die Gleichung 4.57; aus der QM-Gleichung 4.39 folgt (4.42). Diese beiden, (4.57) und (4.42), sind strukturell identisch und bis auf die Tatsache, daß $\alpha \neq a$, sogar gleich. Es liegt also nahe, wie im quantenmechanischen Fall zu verfahren.

Zunächst erhalten wir aus (4.39) durch Umgruppieren

$$\frac{d^2}{d\zeta^2}\,\Psi + \left(\frac{2E_{ges}}{\hbar\omega} - \zeta^2\right)\Psi = 0\,. \tag{4.58}$$

Die Transformation (4.38) liefert

$$\frac{d^2}{d\zeta^2} = \frac{\hbar}{m\omega}\frac{d^2}{ds^2}\,,\tag{4.59}$$

so daß

$$\Rightarrow \frac{d^2}{ds^2}\Psi + \left(\underbrace{\frac{2mE_{ges}}{\hbar^2}}_{:=\alpha} - \underbrace{\frac{m^2\omega^2}{\hbar^2}}_{=b}\cdot s^2\right)\Psi = 0\tag{4.60}$$

Den Klammerausdruck kürzen wir ab als Funktion $u(s)$. Ein zu (4.40) analoger Ansatz für $\Psi(s)$ führt daher zu der Differentialgleichung

$$f'' - 2sf' + (s^2 - 1 + u)f = 0\tag{4.61}$$

für die von der Auslenkung s abhängige Funktion f[7]. Im Unterschied zu (4.42) ist nun aber der Vorfaktor von f, also (...), von s^2 abhängig, und das heißt: andere Differentialgleichung $\Rightarrow$ andere Erkenntnis!

Wenn jedoch $s^2 - 1 + u = 2n$ mit $n \in \mathbf{N}_0$ *wäre*, dann hätten wir auch jetzt eine Herrmitesche DGl vorliegen mit all ihren Interpretationsmöglichkeiten. Kann das sein? Wir lösen die Abkürzungen auf und erhalten die Gleichung

$$s^2 + \frac{2mE_{ges}}{\hbar^2} - \frac{m^2\omega^2}{\hbar^2}\cdot s^2 = 2n + 1\,.\tag{4.62}$$

$$\Rightarrow E_{ges} - \frac{m^2\omega^2 + \hbar^2}{2m}\cdot s^2 = (2n+1)\frac{\hbar^2}{2m}\tag{4.63}$$

---

[7]Genaugenommen ist f ein *Funktional* der Funktion $s(t)$.

Wenn wir jetzt aber die Einheiten vergleichen, so stellen wir fest, daß die Terme wild gemischt sind. (4.63) repräsentiert also den klassischen Vergleich von Äpfeln mit Birnen. Somit fällt die einfache Lösung von (4.61) weg.

(4.61) hat allerdings den enormen Vorteil, daß der Ansatz

$$f(s) = c_1 \cos(\gamma s) + c_2 \sin(\gamma s) \qquad (4.64)$$

mit noch zu bestimmendem γ wegen $f'' = -\gamma^2 \cdot f$ zu einer ganz wesentlichen Vereinfachung führt, denn die resultierende DGl

$$f' = \left(\frac{\alpha - 1 - \gamma^2}{2s} + \frac{1 - b}{2} \cdot s \right) f \qquad (4.65)$$

ist eine solche mit trennbaren Variablen: $df/f = (\dots)\, ds$.

$$\Rightarrow f(s) = const \cdot s^{\frac{\alpha - 1 - \gamma^2}{2}} \cdot \exp\left(\frac{1 - b}{4} s^2 \right) \qquad (4.66)$$

Bedauerlicherweise zeigt aber auch hier schon der erste Blick, daß diese Lösung physikalisch sinnlos ist und somit keine Erkenntnis über einen Zusammenhang zwischen klassischer und Quantenmechanik liefert.

Statt (4.64) probieren wir es jetzt mit dem Ansatz

$$f(s) = \exp^{\gamma s^2} g(s) \, . \qquad (4.67)$$

Aus (4.61) wird damit die DGl

$$g'' + (4\gamma s - 2s)g' + [(4\gamma^2 - 4\gamma + 1)s^2 + 2\gamma - 1 + u]\, g = 0 \, . \qquad (4.68)$$

Diese Gleichung ist zumindest dann lösbar, wenn der Term $[\ldots]$ konstant oder idealerweise sogar $= 0$ ist. Aus der Minimalforderung

$$(4\gamma^2 - 4\gamma + 1 - b)s^2 = const \tag{4.69}$$

folgt, da es sich bei s um eine Variable handelt, daß der Klammerausdruck verschwinden muß. Die zugehörige quadratische Gleichung

$$4\gamma^2 - 4\gamma + 1 - b = 0 \tag{4.70}$$

hat die Lösungen

$$\gamma_{1,2} = \frac{1}{2} \pm \frac{1}{2}\sqrt{b}. \tag{4.71}$$

Also bleibt übrig

$$g'' + \underbrace{(4\gamma - 2)}_{:=\lambda_1} sg' + \underbrace{(\alpha - 1 + 2\gamma)}_{:=\lambda_2} g = 0. \tag{4.72}$$

Wenn $\lambda_2 = -n \cdot \lambda_1$, *dann* (und nur dann) lassen sich die Lösungen durch Hermitesche Polynome ausdrücken, d. h., genau dann haben wir einen Bezug zu Schwingungsphänomenen, und $\Psi(s)$ wäre dann eine - vielleicht sogar sinnvolle - Lösung unseres kombinierten Problems!

Dazu aber müßte gelten:

$$\alpha - 1 + 2\gamma = -n(4\gamma - 2) \tag{4.73}$$

Wir setzen für E_{ges} in α den quantenmechanischen Energieausdruck ein, also $E_{ges} = \hbar\omega(n + 1/2)$. Daraus ergibt sich

$$\frac{2m\omega}{\hbar}\left(n + \frac{1}{2}\right) - 1 + 2\gamma = -4n\gamma + 2n, \tag{4.74}$$

woraus wir durch einfache Umformungen

$$\gamma = -\frac{1}{2}\frac{m\omega}{\hbar} + \frac{1}{2} = \gamma_2 \tag{4.75}$$

erhalten. Für $\gamma = \gamma_2$ ist damit (4.73) richtig, und somit sind die Hermiteschen Polynome Basis der Lösungen von (4.72). Damit hätten wir tatsächlich eine $\Psi(s)$-Näherung als Kombination aus einer Dämpfungsfunktion und einem Schwingungsteil:

$$\Psi(s) \propto \exp\left(-\frac{1}{2}\sqrt{b}s^2\right) g(s) \tag{4.76}$$

4.4.3 Versuch 3

In der klassischen Bewegungsgleichung des Pendels spielt die Ableitung nach der Zeit eine zentrale Rolle. Diese Fundamentalgleichung ergibt eine eindeutige Aussage über den Ort s des schwingenden Körpers zu jedem beliebigen Zeitpunkt t. Die quantenmechanische Bewegungsgleichung hingegen liefert eine ebenfalls eindeutige Aussage über den schwingenden Körper, jedoch in Form einer Größe Ψ zu jedem beliebigen Ortspunkt s. Um diese beiden Aussagen besser miteinander vergleichen zu können, empfiehlt es sich, entweder in der klassischen Gleichung t durch s (bzw. d^2/dt^2 durch d^2/ds^2) - Variante A - oder in der quantenmechanischen Gleichung entsprechend s durch t - Variante B - zu ersetzen.

Variante A Die Zeit t sei eine Funktion des Ortes s:

$$t := \varphi(s) \tag{4.77}$$

Für die Transformation gilt:

$$\frac{d^2}{dt^2} = \frac{1}{[\varphi'(s)]^3} \cdot \left\{ \varphi'(s)\,\frac{d^2}{ds^2} - \varphi''(s)\,\frac{d}{ds} \right\} \tag{4.78}$$

Für den Zusammenhang zwischen Ort und Zeit verwenden wir (4.10), so daß

$$\varphi(s) = t = \frac{1}{\omega}\arccos\left(\frac{s}{s_{max}}\right). \tag{4.79}$$

Längeres Rechnen überführt dann die klassische Beziehung $\ddot{s} + \omega^2 s = 0$ nach Ersatz der *Funktion s - nicht* etwa der Variablen s aus der obigen Transformationsgleichung - durch das quantenmechanische Pendant Ψ in

$$\left\{ \omega^2 s_{max}^2\,(1 - s^2)\,\frac{d^2}{ds^2} - \omega^2 s_{max}^2\,s\,\frac{d}{ds} \right\}\Psi + \omega^2\,\Psi \;=\; 0 \tag{4.80}$$

$$\Rightarrow (s^2 - 1)\,\Psi'' + s\,\Psi' - \frac{1}{s_{max}^2}\,\Psi \;=\; 0. \tag{4.81}$$

Ist $1/s_{max}$ eine ganze Zahl n, so sind die Lösungen dieser Differentialgleichung die Tschebyscheffschen Polynome[8]

$$T_n(s) = \cos(n\arccos s). \tag{4.82}$$

Über deren Form in Zusammenhang mit einer Pendelbewegung ist zu diskutieren. Prinzipiell läßt sich das so gewonnene Ψ als

---

[8]DGl 2.235 aus E. Kamke, loc. cit.

Hilfsmittel zur Bestimmung einer Aufenthaltswahrscheinlichkeit nutzen, denn es zeigt sich, daß

$$W_n = \int_{-1}^{+1} T_n(s)^2 ds = 1 - \frac{1}{4n^2 - 1} \qquad (4.83)$$

für steigendes n tatsächlich gegen 1 strebt[9].

Variante B Nun sei der Ort s eine Funktion der Zeit t. Selbige ist durch (4.10) gegeben. Die quantenmechanische Gleichung 4.37 - Variable s - muß jetzt in eine analoge mit der Variablen t umgeschrieben werden. Zunächst ergibt sich aus (4.37)

$$-\frac{d^2}{ds^2}\Psi + \underbrace{\frac{m^2\omega^2}{\hbar^2}}_{=b} s^2\,\Psi = \underbrace{\frac{2mE_{ges}}{\hbar^2}}_{=\alpha}\Psi\,, \qquad (4.84)$$

d. h. Gleichung 4.60. Mit

$$\begin{aligned}
\frac{d^2}{ds^2} &= \frac{1}{\omega^2 s_{max}^2 \sin^2(\omega t)} \cdot \frac{d^2}{dt^2} \\
&\quad - \frac{1}{\omega s_{max}^2} \cdot \frac{\cos(\omega t)}{\sin^3(\omega t)} \cdot \frac{d}{dt}
\end{aligned} \qquad (4.85)$$

wird daraus letztlich

$$\frac{d^2}{dt^2}\Psi - \frac{\omega}{\tan(\omega t)}\frac{d}{dt}\Psi$$

---

[9]Die Integrationsgrenzen rühren daher, daß der Arcuscosinus nur für Argumente zwischen -1 und $+1$ definiert ist.

$$-\left[\frac{m^2\omega^4 s_{max}^4}{\hbar^2}\sin^2(\omega t)\cos^2(\omega t)\right.$$

$$\left.-\frac{2m\omega^2 s_{max}^2 E_{ges}}{\hbar^2}\sin^2(\omega t)\right]\Psi = 0\,. \qquad (4.86)$$

Der Einfachheit halber kürzen wir wie folgt ab: $[\ldots] := [a \cdot \sin^2(\ldots)\cos^2(\ldots) - b\cdot\sin^2(\ldots)]$.

Diese DGl ist vom Typ $\ddot{y} + f(t)\dot{y} + g(t)y = 0$ und läßt sich daher im allgemeinen *nicht* geschlossen lösen, es sei denn, die Funktionen $f(t)$ und $g(t)$ wären simple, t-abhängige Polynome. Dies ist aber nicht der Fall, wie die folgenden Reihenentwicklungen zeigen:

$$\sin^2(x) = \sum_{k=1}^{\infty}(-1)^{k+1}\cdot\frac{2^{2k-1}x^{2k}}{(2k)!}$$

$$= x^2 - \frac{1}{3}x^4 + \ldots \qquad (4.87)$$

$$\cos^2(x) = 1 - \sum_{k=1}^{\infty}(-1)^{k+1}\cdot\frac{2^{2k-1}x^{2k}}{(2k)!}$$

$$= 1 - x^2 + \frac{1}{3}x^4 - \ldots \qquad (4.88)$$

$$\frac{1}{\tan x} = \cot x = \frac{1}{x} - \sum_{k=1}^{\infty}\frac{2^{2k}|B_{2k}|}{(2k)!}\cdot x^{2k-1}$$

$$= \frac{1}{x} - \frac{1}{3}x - \frac{2}{90}x^3 - \ldots \qquad (4.89)$$

Es gibt nur einen Ausweg aus diesem Dilemma: Wir nehmen an, die Variable x bzw. ωt sei quantisiert. *Eine* Möglichkeit ist durch

$$\omega t := \left(n + \frac{1}{4} \right) \pi \ \forall\, t, \ n \in \mathbf{N}_0 \qquad (4.90)$$

gegeben. Dann nämlich wird aus (4.86)

$$\ddot{\Psi} - \omega \dot{\Psi} - X\,\Psi = 0\,, \qquad (4.91)$$

die homogene Schwingungsgleichung. Die Lösungen sind wohlbekannt. Welche davon zutrifft, hängt von der Relation der Vorfaktoren von $\dot{\Psi}$ und Ψ ab.

$$X \equiv \frac{m\omega^2 s_{max}^2}{\hbar^2} \left(\frac{m\omega^2 s_{max}^2}{4} - E_{ges} \right) \qquad (4.92)$$

Wir versuchen es für E_{ges} zunächst mit der klassischen Formel.

$$\Rightarrow X = \frac{m^2 \omega^4 s_{max}^4}{\hbar^2} \left(-\frac{1}{4} \right) \qquad (4.93)$$

Entscheidend für die Lösungsfunktion ist das Vorzeichen der Größe $\lambda^2 = \omega^2 + 4X$. Wir untersuchen zwei Beispiele, das schon verwendete makroskopische Pendel und einen Oszillator auf der Basis des Wasserstoffatoms. ω ergibt sich dafür aus einer (angenommenen) elektromagnetischen Strahlung von 200 nm, und die maximale Auslenkung sei gleich 1 Å.

	makroskop. Bsp.	mikroskop. Bsp.
$\omega\,(\mathrm{s}^{-1})$	0,99	$2,386 \cdot 10^{14}$
m (kg)	5	$1,674 \cdot 10^{-27}$
s_{max} (m)	1	10^{-10}
$X_{kl.}$	$-5,404 \cdot 10^{68}$	$-2,044 \cdot 10^{31}$
$\Rightarrow \lambda^2$	negativ	negativ

Sowohl für das makroskopische als auch für das mikroskopische Pendel ist λ^2 negativ. Die Lösung lautet dann[10]

$$\Psi = const_1 \cdot \exp\left(\frac{1}{2}\omega t\right) \cdot \sin\frac{1}{2}\lambda(t - const_2). \qquad (4.94)$$

Unter Berücksichtigung von (129) ergibt sich damit die Wellenfunktion

$$\Psi = \underbrace{const_1 \cdot \exp\left(\frac{1}{2}\left(n + \frac{1}{4}\right)\pi\right)}_{=C} \cdot \underbrace{\sin\frac{1}{2}\lambda(t - const_2)}_{=B}. \qquad (4.95)$$

Da λ^2 negativ ist, ersetzen wir λ durch $i \cdot \mathrm{Re}(\lambda) \equiv ir$, wobei $r = 4,649 \cdot 10^{34}$. Damit ergibt sich

$$\int \Psi^*\Psi\,dt = C^2 \int \sin B^\star \sin B\,dt \qquad (4.96)$$

$$= C^2 \left[\frac{1}{2}\int \cos\left(-ir(t - const_2)\right)\,dt\right.$$

---

[10]Kamke, Gleichung 2.35

$$-\frac{1}{2} \int \cos 0 \, dt \Bigg] \qquad (4.97)$$

$$= \ C^2 \left\{ -\frac{t}{2} + \frac{\sinh r(const_2 - t)}{2r} \right\} . \qquad (4.98)$$

Der erste Term in der geschweiften Klammer strebt für $t \to \infty$ gegen minus unendlich. Der zweite jedoch ist für alle relevanten Zeiten t zu vernachlässigen, da r im Nenner steht. Und damit ist letztlich Ψ keine sinnvolle Wellenfunktion.

Was passiert, wenn wir für E_{ges} die quantenmechanische Größe einsetzen? Für das makroskopische Pendel wird λ^2 positiv. Selbiges läßt sich bei nur geringfügiger Veränderung der Parameter auch für den mikroskopischen Fall erreichen. Die zugehörige Lösung

$$\Psi = const_1 \cdot \exp\left(\frac{\omega + \lambda}{2} t \right) + const_2 \cdot \exp\left(\frac{\omega - \lambda}{2} t \right) \qquad (4.99)$$

ist aber ebenfalls sinnlos, da immer einer der beiden Terme gegen unendlich strebt, denn $\lambda = \pm\sqrt{\lambda^2}$.

4.5 Fazit

Chaos. Wir haben versucht, zu verheiraten, was man nicht verheiraten darf. Die Absicht dahinter war und ist, aus eigentlich unzulässigen Vergleichen Kenntnisse oder zumindest Impulse für ein Verständnis des Zusammenhangs von klassischer und Quantenmechanik zu gewinnen. Zu diesem Zweck haben wir zwei grundverschiedene aber doch verwandte Systeme betrachtet, ein klassisches Pendel und einen hypothetischen Quantenoszillator, nämlich ein zwischen Schranken zappelndes H-Atom. Beide Objekte befinden sich lediglich im Schwerefeld der Erde, da uns im Moment nur die Verschiedenartigkeit der Beschreibung der kinetischen Energie interessiert.

Es zeigt sich ganz klar: Alle Vergleiche führen auf Wellensysteme. Offenbar ist es so, daß Wellen und Teilchen nicht voneinander getrennt werden können sondern vielmehr diese beiden *gleichzeitige* Erscheinungsformen ein und derselben Urmaterie sind. Sprachlich könnten wir sagen, daß wir eine Verwellung der dichten Materie im Wechselspiel mit einer Verdichtung der welligen Materie haben. Die Kombination aus beidem ist dasjenige, was die Welt macht.

Seien wir philosophisch deutlicher: Seiendes denken wir uns in Haufen. Ein solcher Haufen läßt sich - eindimensional - als Gauß-Kurve repräsentieren. Das Integral über diese Kurve liefert die Masse, und wenn wir die Masse mit der Dichte verheiraten, erhalten wir das Volumen und damit die makroskopische Ausdehnung bzw. Volumen und Grenze des Objekts.

Was wir mit der Gleichung 4.53 angezettelt haben, ist der Vergleich zwischen der quantenmechanischen Beschreibung der kinetischen Energie und der klassischen. Selbstredend gibt es einen Zusammenhang - aber welcher Art ist er? Es geht um Ort vs. Zeit, Lokalisierung im Raum vs. Veränderung in der Zeit. Der entscheidende Unterschied zwischen der quantenmechanischen Sichtweise und der klassischen ist: In der quantenmechanischen geht es um die Veränderung *mit* der Zeit, in der klassischen um die Veränderung *mit* dem Ort. Damit sind diese beiden Betrachtungsweisen die fundamentalen, komplementären

Sichtweisen des Daseins[11]. Und das bringt uns zu der zentralen Behauptung dieser Arbeit: Die Quantenmechanik ist nicht *die* umfassende Theorie. Vielmehr steht sie hierarchisch auf gleicher Stufe wie die klassische Mechanik (und ihre begleitenden Ausformungen wie die Thermodynamik). Erst beide zusammen erlauben uns den kompletten Blick auf die Welt. Insofern wäre die QM unvollständig - aber dennoch erfüllt sie in *ihrem* Kosmos alle Anforderungen, die wir an eine Theorie stellen.

Wie aber könnte eine Theorie aussehen, die sich als eine Kombination klM⊕QM darstellt und je nach Objekt oder Fragestellung in die eine oder andere Subtheorie zerfällt?

4.6   Ghirardi, Rimini und Weber

Mit dieser Frage hat sich (neben vielen anderen) die GRW-Arbeitsgruppe aus Triest beschäftigt [9]. Ihrer Meinung nach gibt es drei Möglichkeiten: 1) Man akzeptiert, daß es zwei Gruppen von Objekten gibt, die sich bzgl. ihres dynamischen Verhaltens grundlegend unterscheiden, und zwar mikroskopische und makroskopische. Dies bedingt aber ein präzises Kriterium zu ihrer Unterscheidung. 2) Man beschränkt die Menge aller Observablen eines makroskopischen Objekts auf eine Abelsche Gruppe, d. h., auf eine Menge mit einer algebraischen Struktur, die kommutativ ist. Dies ist aber nichts anderes als *eine* spezielle Möglichkeit, mikro und makro voneinander zu unterscheiden, und zwar eine Möglichkeit, die ohne den Größenbegriff aus

---

[11]Diese Situation werden wir in späteren Abschnitten noch weiter herausarbeiten.

kommt. Ob alle möglichen Observablen miteinander kommutieren oder nicht, muß also nicht von der schieren Größe des Objekts abhängen. Ein Bose-Einstein-Kondensat aus Tausenden von Rubidiumatomen kann durchaus als „mikro" erscheinen, während ein ähnlich großer NaCl-Würfel eher dem makro-Bereich zugeordnet würde. Aber was soll das? Es ist ja nicht so, daß es Myriaden von Observablen gäbe. Ganz im Gegenteil: Die Menge dessen, was wir beobachten können, ist doch sehr beschränkt. Mit Hilfe geeigneter Apparate erhalten wir Zahlenwerte für Ort, Impuls, Energie, Wellenlänge, Geschwindigkeit, Drehmoment, Anziehungskraft, Temperatur (ja!) und wenig mehr, aber das war es. In der klassischen Mechanik verträgt sich das alles miteinander, in der QM nicht. Daher muß man sich doch fragen, ob solche Unterscheidungen (abelsch vs. nicht-abelsch) nicht eher akademische Spintisiererei sind. Ja, $\hat{Q}$ und $\hat{P}$ passen in der QM nicht zusammen, aber hilft uns das, das Wesen von mikro und makro in seinem inneren Gegensatz zu begreifen, also wirklich (sprich: wirk-lich) zu begreifen, also in seinem unterschiedlichen Wirken zu begreifen?

Manche bemühen sich um einen anderen Weg: 3) Ist es experimentell möglich, für ein makroskopisches Objekt zwischen linearen Superpositionen und statistischen Mischungen zu unterscheiden? Hier bleibt zum einen die Frage, wie denn der Formalismus philosophisch gedeutet werden kann, denn ohne zu wissen, was eine Superposition (von was denn eigentlich?) überhaupt aussagt, ist doch jede Bemühung vergeudete Liebesmüh. Und davon ganz abgesehen, würden wir die Antwort auf unsere Fundamentalfrage einfach dem Geschick der Experimentatoren überantworten. Kurzum: Wir haben es wiederum mit den zahllosen Verwirrungen und Unklarheiten zu tun, die die Geschichte der QM seit jeher begleiten und es extrem erschweren, zu einer klaren Einsicht zu kommen.

Spätestens jetzt muß die Frage nach der Bedeutung des Begriffs „Zustand" gestellt werden. Wir verstehen jetzt - Definition! - unter dem Zustand eines Objekts 1) das jeweilige So-und-so-Sein, das sich 2) in Zahlenwerten für bestimmte Eigenschaften manifestiert. Der Zustand eines Fußballs während eines Spiels wäre also charakterisiert durch 1) fliegend und 2) Position (x, y, z), Geschwindigkeit $\vec{v}$ und Masse m. Eventuell müßte man auch noch den Drehimpuls berücksichtigen, aber das braucht uns jetzt nicht zu interessieren. Im Bereich der Mikrowelt ist der Begriff des Zustands nicht grundlegend anders definiert. Der Zustand eines Elektrons in einem Beschleuniger ist gekennzeichnet durch 1) fliegend und 2) Position, Geschwindigkeit, Masse, ggfs. (je nach Darstellung) den aktuellen Größen bzw. Stärken der Felder, die auf es einwirken. Trotz prinzipieller Ähnlichkeit erwarten wir aber, daß sich der Unterschied zwischen klM und QM in einem Unterschied der Charakteristika quantenmechanischer und klassischer Zustände wiederspiegelt. Um diesen Unterschied herauszuarbeiten, ist es hilfreich, den Formalismus zu transformieren. Statt ψ werden wir jetzt den sog. statistischen Operator ρ bemühen, denn er erlaubt eine sehr einfache Darstellung mit Hilfe von Matrizen.

Besagter Operator ρ genügt den folgenden Bedingungen:

$$\mathrm{Tr}\rho \;=\; 1\,, \tag{4.100}$$

$$\rho \;=\; \rho^{\dagger} \text{ und} \tag{4.101}$$

$$\langle \psi | \rho\,\psi \rangle \;\geq\; 0 \;\forall\, \psi \in \mathbf{L}_2 \tag{4.102}$$

ρ ist selbstadjungiert, sämtliche Eigenwerte ρ_i sind positiv (einschließlich der Null), und es gilt:

$$\sum_i \rho_i = 1 \tag{4.103}$$

Wir definieren nun einen *reinen* Zustand dadurch, daß

$$\rho = |\psi\rangle\langle\psi| \Rightarrow \rho^2 = \rho \Rightarrow \mathrm{Tr}\rho^2 = 1\,. \tag{4.104}$$

Diesen reinen Zustand unterscheiden wir von einem allgemeinen oder *gemischten* Zustand dadurch, daß letzterer *immer* als Kombination anderer Zustände dargestellt werden kann, erster, der reine, jedoch nie. Der Beweis findet sich z. B. bei Ballentine [10].

Wenn wir nun eine Observable P betrachten, so ergibt sich ihr Erwartungswert, also die Zahl, die bei unseren Experimenten herauskommt, zu

$$\bar{p} \equiv \langle \hat{P} \rangle = \mathrm{Tr}(\rho\hat{P})\,. \tag{4.105}$$

So weit, so gut. Nun hängt aber das Resultat dieser Gleichung nicht nur von der Natur des Operators $\hat{P}$ ab, sondern vor allem von der Natur des statistischen Operators ρ. Anhand einer quantenmechanischen Variante der Liouville-Gleichung,

$$\frac{d\rho}{dt} = [\hat{H}, \rho]\,, \tag{4.106}$$

wobei $\hat{H}$ der Hamiltonoperator des Systems ist, erarbeiten GRW eine umfassendere Variante, die sowohl reine als auch gemischte Zustände gleichermaßen zu behandeln erlaubt. Dabei werden reine Zustände der QM zugeschrieben, gemischte der klM. Deren Gleichung,

$$\frac{d\rho}{dt} = -\frac{i}{\hbar}[\hat{H}, \rho] - \sum_{i=1}^{N} \lambda_i (\rho - \hat{T}_i[\rho]) , \qquad (4.107)$$

erfaßt beides. N ist die Anzahl der zu berücksichtigenden Teilchen - merke: wir versuchen ja, die Brücke zum Makroskopischen zu schlagen, d. h. $N \gg 1$. $\hat{T}$ ist eine Art Lokalisierungsoperator, der die alles entscheidende Arbeit bewerkstelligen soll, nämlich die Lokalisierung und vor allem *Separierung* der einzelnen Teilchen. Die ganze Prozedur hängt nun von zwei frei wählbaren Parametern ab, nämlich α und λ. Ihre Wahl entscheidet letztlich darüber, ab wann ein System oder Gebilde oder Objekt als quantenartig oder als klassisch zu betrachten ist. Anders gesagt: Wann kollabieren die sog. Interferenzterme, die reine von gemischten Zuständen unterscheiden?

Bedauerlicherweise ist diese ganze Prozedur dermaßen kompliziert, daß sie bis heute keine praktische Anwendung gefunden hat. Eine Vereinigung von klM und QM unter einem Dach liefert sie nicht. Außerdem ist die zahlenmässige Festlegung der Parameter beliebig, d. h., die GRW-Theorie liefert kein der Natur immanentes Kriterium zur Unterscheidung klassischer von Quantenobjekten. Es obliegt vielmehr unserer Beliebigkeit, wo die Grenze zwischen Mikro- und Makrowelt zu ziehen ist. Anders gesagt: GRW erlaubt eine Grenzziehung, aber sie ist nicht objektiver sondern subjektiver Natur. Vielleicht ist aber auch gar nichts anderes möglich. Das Menschengemächt - die Theorie - muß sich dem beugen, womit wir es zu tun haben.

Und möglicherweise ist es auch gar nicht so, daß - wie immer angenommen - die QM die grundlegende Theorie ist und die klM „nur" aus ihr abzuleiten wäre. Vielleicht verhält es sich ja genau entgegengesetzt: die klassische Mechanik ist die Mutter der Quantenmechanik. Was würde diese Umkehr bedeuten?

4.7   Ort und Zeit

In der klassischen Mechanik tritt uns der Impuls als Produkt aus Masse und Geschwindigkeit entgegen, d. h., er ist wesentlich durch die Ableitung des Ortes nach der Zeit, also durch die Veränderung von x mit t charakterisiert. In der allgemeineren Formulierung der Mechanik mit Hilfe der Euler-Lagrange-Gleichung 4.24 ergibt sich der Impuls als partielle Ableitung $\partial L/\partial \dot{s}$. In der Quantenmechanik tritt jedoch d/dx an die Stelle von d/dt bzw. $\partial/\partial \dot{s}$. Was hat das zu bedeuten?

Symmetrien in der Raumzeit haben Erhaltungssätze bezüglich bestimmter Größen zur Folge. So sind z. B. die Newtonschen Gleichungen invariant gegenüber Verschiebungen der Zeit. Es spielt also keine Rolle, wo wir den Nullpunkt der Zeit ansetzen - die Energie beibt stets die Selbe. Aus der Homogenität des Raumes, die sich in der Invarianz gegenüber räumlichen Verschiebungen äußert, folgt der Erhaltungssatz des Impulses. Der in der QM dem Impuls zuzuordnende Operator muß daher die infinitesimale Änderung des Raumes bezeichnen *und zugleich* mit dem Operator der Energie kommutieren. Also bleibt nur (von einem Vorfaktor abgesehen) die Wahl

$$\hat{P} = \nabla \equiv (\partial/\partial x, \partial/\partial y, \partial/\partial z)\,.$$

Der Raum ist zusätzlich aber auch isotrop, d. h., unempfindlich gegenüber Rotationen. Daraus folgt die Erhaltung des Gesdamtdrehimpulses $\hat{J}$.

Der Begriff „Erhaltungssatz" kann zu Mißverständnissen führen. Letztlich ist damit nur folgendes gemeint: Für die Beschreibung eines ansonsten unver-änderten *Systems* - was auch immer das sein mag - spielt es keine Rolle, ob wir dies zum Zeitpunkt t_0 oder $t_1 > t_0$ tun (die Energie bleibt konstant), ob wir dies am Ort x_0 oder $x_1 > x_0$ tun (der Impuls bleibt konstant), oder ob wir den Beobachtungswinkel von α_0 zu $\alpha_1 > \alpha_0$ ändern (der Drehimpuls bleibt konstant). Unter einer Erhaltungsgröße verstehen wir also eine Bewegungskonstante. Wenn sich das System bewegt, ändert sich weder Energie noch Impuls noch Drehimpuls. Und was ist mit dem Ort? Wenn der sich nicht veränderte, gäbe es doch gar keine Bewegung! Der Ort kann daher PER SE gar keine Bewegungskonstante sein. Das unterscheidet ihn prinzipiell von den anderen, genannten Größen.

In der klassischen Mechanik sind Ort und Zeit *die* Grundgrößen, wenn man von der Masse (und der elektrischen Ladung) absieht. In der Quantenmechanik bleibt der Ort als Basis erhalten. Die Zeit jedoch wird ersetzt durch den Impuls. Sie *muß* ersetzt werden durch den Impuls, denn es ist bis heute nicht gelungen , einen quantenmechanischen Zeitoperator zu erfinden. So etwas wie $\hat{t}$ gibt es (noch?) nicht. Freilich tritt in der Energie-Zeit-Unschärferelation rein formal ein solcher Operator auf - aber eben nur rein formal. Primas und Müller-Herold haben darauf hingewiesen, daß $\Delta E \cdot \Delta t \geq \hbar/2$ nur die quantifizierte Fassung der ganz klassischen Frequenz-Zeit-Unschärferelation $\Delta \nu \cdot \Delta t \geq 1/4\pi$ ist [11].

Kapitel 5

Zustände und der Dualismus von Welle und Teilchen

5.1   Der statistische Operator

Unter einem Zustand verstehen wir das jeweilige So-und-so-Sein eines Objekts oder Dinges, das uns in unserer Anschauung entgegentritt. Der Zustand charakterisiert also das Seiende in der Art und Weise, *wie* es ist. In einem verallgemeinerten Formalismus zeigt sich der Zustand als statistischer Operator. Mit dieser Begriffsbildung ist noch nicht suggeriert, daß wir die gesamte QM als statistisch im Sinne einer „üblichen" Wahrscheinlichkeitstheorie ansehen. Ob es die QM nur mit Ensembles oder auch mit einzelnen „Dingen" wie z. B. *einem* Photon, Elektron oder H-Atom zu tun hat, untersuchen wir später.

Der Einfachheit halber beschränken wir uns auf einen zweidimensionalen Hilbertraum mit den orthonormierten Basisfunktionen ψ_1 und ψ_2. Zu einem *reinen* Zustand gehört dann der Operator

$$\begin{aligned}
\rho_{\text{rein}} &= \frac{1}{2}\left(|\psi_1\rangle + |\psi_2\rangle\right)\left(\langle\psi_1| + \langle\psi_2|\right) \\
&= \frac{1}{2}\left(|\psi_1\rangle\langle\psi_1| + |\psi_1\rangle\langle\psi_2|\right. \\
&\quad \left. + |\psi_2\rangle\langle\psi_1| + |\psi_2\rangle\langle\psi_2|\right).
\end{aligned} \tag{5.1}$$

Zur Vereinfachung ersetzen wir nun $|\psi_i\rangle$ durch $|i\rangle$.

Dieser statistische Operator hat eine bemerkenswerte Eigenschaft: $\rho^2 = \rho$. Und deshalb ist auch $\text{Tr}\rho^2 = \text{Tr}\rho = 1$.

Was passiert, wenn wir sämtliche Interferenzterme, also Terme der Art $|j\rangle\langle k|$ mit $j \neq k$, verschwinden lassen? Wir erhalten dann den Operator

$$\rho_{\text{mixed}} = \frac{1}{2}\left(|1\rangle\langle 1| + |2\rangle\langle 2|\right), \tag{5.2}$$

einen *maximal* gemischten Operator. Auch seine Spur ist gleich 1, aber $\rho_{\text{mixed}}^2 = 1/2\,\rho_{\text{mixed}}$. Das Quadrat eines (maximal) gemischten Operators ist also dem Ausgangsoperator nicht mehr gleich.

In dieser Abhandlung ist es so, daß wir versuchen, philosophische Konzepte in einen mathematischen Formalismus zu übersetzen und zugleich aus Ergebnissen des Formalismus auf tiefere Erkenntnis rückzuschließen. Daher untersuchen wir zunächst die Frage, wie ein reiner Operator in einen maximal gemischten überführt werden kann. Ein großer Vorteil statistischer Operatoren ist, daß sie - zumindest wenn die Dimension des betrachteten Systems endlich ist - in Matrixform dargestellt werden können. Die Frage ist also, wie kommen wir von

$$\rho_{\text{rein}} \equiv \frac{1}{2} \begin{pmatrix} 1 & 1 \\ 1 & 1 \end{pmatrix} \tag{5.3}$$

zu

$$\rho_{\text{mixed}} \equiv \frac{1}{2} \begin{pmatrix} 1 & 0 \\ 0 & 1 \end{pmatrix}? \tag{5.4}$$

Antwort: Die erste Matrix muß diagonalisiert werden. Dazu benötigen wir eine geeignete Matrix D so, daß

$$D\rho_{\text{rein}} D^{-1} = \rho_{\text{mixed}}. \tag{5.5}$$

Mit

$$D = \begin{pmatrix} \alpha & \beta \\ \gamma & \delta \end{pmatrix} \tag{5.6}$$

erhalten wir

$$D^{-1} = \frac{1}{\alpha\delta - \beta\gamma} \begin{pmatrix} \delta & -\beta \\ -\gamma & \alpha \end{pmatrix}. \tag{5.7}$$

Es gibt vier mögliche Resultate: Für $\alpha = \beta, \gamma = \delta$ und für $\alpha = -\beta, \gamma = -\delta$ enden wir bei der Division durch 0. Für die beiden anderen Möglichkeiten ergibt sich folgendes:

$$\alpha = \beta,\ \gamma = -\delta \quad \Rightarrow \quad \rho_1 = \begin{pmatrix} 1 & 0 \\ 0 & 0 \end{pmatrix} \tag{5.8}$$

$$\alpha = -\beta,\ \gamma = \delta \quad \Rightarrow \quad \rho_2 = \begin{pmatrix} 0 & 0 \\ 0 & 1 \end{pmatrix} \tag{5.9}$$

Diese beiden Zustände sind *nicht* gemischt sondern rein! Allerdings haben wir mes mit einer gleichgewixhteten Überlagerung gemäß $1/2(\rho_1 + \rho_2)$ zu tun, die ρ_{mixed} aus (5.4) entspricht.

Was sich hier zeigt, ist nichts anderes als das mathematische Abbild des quantenmechanischen Meßprozesses. Wir beginnen mit einem beliebigen aber reinen Zustand, in dem sich das System befinden möge. Messung gleich Diagonalisierung. Durch diesen Prozeß reduzieren wir den ursprünglichen Zustand bzw. den ursprünglichen statistischen Operator auf einen möglichst simplen, der also durch nur *eine* Basisfunktion dargestellt wird. Meßresultat ist also der zu dieser Funktion gehörende Eigenwert. Es gehe z. B. um eine Energiemessung. Dann sieht der Meßvorgang so aus:

$$\text{Tr}(\hat{H}\,\rho_{\text{rein}}) = \sum_{i=1}^{2} \text{Tr}(\mathcal{E}_i\,\rho_i) = \frac{\mathcal{E}_1 + \mathcal{E}_2}{2} \tag{5.10}$$

Welches der beiden Ergebnisse angezeigt wird, ist beliebig. Wir erhalten aber in jedem Fall entweder $\mathcal{E}_1$ oder $\mathcal{E}_2$ mit der Wahrscheinlichkeit 50:50, und das liegt daran, daß jedes der beiden Ergebnisse der Diagonalisierung gleich häufig ist. Wir haben durch die Diagonalisierung keine Selektion vorgenommen. Ein ausgewogener Zustand (ρ_{rein}) liefert ein ausgewogenes Ergebnis.

Was ergibt sich, wenn wir statt des reinen Zustandes (5.3) den maximal gemischten (5.4) untersuchen? Da letzterer bis auf einen Vorfaktor der Einheitsmatrix entspricht, gilt (mit E als Einheitsmatrix):

$$D\rho_{\mathrm{mixed}}\,D^{-1} \propto DED^{-1} = DD^{-1} = E \qquad (5.11)$$

Die Diagonalisierung bringt in diesem Falle also nichts, d. h. der Zustand ändert sich nicht, und dieser Zustand führt von vornherein zu einer Über-lagerung der Meßwerte.

Durch die Diagonalisierung erhalten wir aus dem reinen Zustand eine Summe reiner Zustände, die jetzt aber von *simpler* Struktur sind. Sie bestehen nur aus den Projektoren $|i\rangle\langle i|$. Diesen Prozeß hat man mit dem berühmten Wort vom „collapse of the wavefunction" gekennzeichnet. Wenn wir mit einem reinen Zustand beginnen, erhalten wir *entweder* das eine *oder* das andere mögliche Resultat. Starten wir jedoch mit einem maximal gemischten Zustand, so erhalten wir bei *jeder* Einzelmessung ein Gemisch der Resultate. Oder nicht? Verwirrend!

5.2 Wellen und Teilchen

Spätestens jetzt können wir uns nicht mehr vor der Beantwortung der Frage nach dem Wesen der Quantenobjekte drücken. Diese hängt elementar damit zusammen, ob die QM lediglich Aussagen über Ensembles, also Häufungen gleichartiger Objekte, oder auch über das einzelne „Ding" erlaubt bzw. trifft. Das eigentliche Problem ist aber ganz fundamentaler

Natur [12]: „Wir können nicht die Erfahrungen, d. h. die Auskünfte der Natur selbst, mit den Maßstäben unserer Denkgewohnheiten messen, sondern wir müssen umgekehrt *unsere Denkgewohnheiten nach den Erfahrungen umgestalten.*"

Wir denken uns einen Apparat dergestalt, daß er eine Quelle Q enthält, eine Blende mit zwei spaltförmigen Öffnungen und einen Auffangschirm in einiger Entfernung hinter dem Doppelspalt. Die Hauptachse des Apparats gehe von Q aus und treffe bei $x = 0$ auf den Schirm. Dieser liege in der xy-Ebene senkrecht zur Einfallsrichtung in Bezug auf Q. Wenn nun von Q eine Wellenstrahlung mit der Wellenlänge λ ausgeht, beobachtet man auf dem Schirm ein Interferenzmuster $I(x)$, das aus der Überlagerung einer $\cos^2(x)$-Funktion mit $\exp(-x^2)$ entsteht.

Nun betrachten wir den Fall, daß die Quelle Objekte emittiert, die wir normalerweise als massive Teilchen ansehen würden, z. B. Neutronen. Bei hinreichend langer Versuchsdauer erhalten wir am Ende ein Interferenzbild, das qualitativ völlig mit dem übereinstimmt, was wir experimentell mit Q als klassischer Lichtquelle oder durch eine rein theoretische Beschreibung auf der Basis von Wellen erhielten. Was aber passiert, wenn wir die Intensität der Quelle so weit reduzieren, daß sich immer nur *ein* Objekt im Apparat befindet? Die Quelle soll also erst dann das nächste Objekt liefern, wenn das vorherige auf dem Schirm registriert worden ist. In diesem Fall erhalten wir auf dem Schirm kein extrem abgeschwächtes Interferenzbild sondern vielmehr einfach einen Punkt. Erst durch zigfache Wiederholung baut sich aus der Verteilung der einzelnen Punkte langsam das Muster $I(x)$ auf.

Ein Teilchen hat einen Weg, aber Wege (Trajektorien)

interferieren nicht. Das Teilchen gewinnt Welleneigenschaften in dem Maße, wie die Anzahl n seiner Pendants in dem Beobachtungsvolumen zunimmt. Die Steigerung von n sorgt für eine Verwellung des (oder der?) Teilchen. Mikroobjekte sind weder Welle noch Teilchen. Sie sind die Urform alles Seienden, die sich je nachdem in Teilchen oder Wellen differenziert. Je nachdem bedeutet, daß beides in ihnen veranlagt ist. Die *Umstände* entscheiden über die Ausprägung der einen oder der anderen Eigenschaft. Die Umstände? Das ist die Fragestellung, die wir an sie richten. Darüber hinaus wäre zu klären, wie die mathematische Repräsentanz der Mikroobjekte aussieht, wie also formelmäßig das Entweder-Oder erfaßt werden kann. *Eine* Möglichkeit ist die sog. Bohmsche Mechanik. Eine ausführliche Darstellung findet sich in [13].

5.3 Das de Broglie-Paradoxon [14]

Eine Schachtel B ($\equiv$ Box) mit vollständig reflektierenden Wänden kann durch einen Schieber in zwei Teile, B_1 und B_2, geteilt werden. B enthalte anfänglich *ein* Elektron, dessen Wellenfunktion $\phi(x, y, z, t)$ im Gesamtvolumen V von B gegeben ist. Die Wahrscheinlichkeit, das Elektron zur Zeit t am Punkt (x, y, z) zu finden, läßt sich dann durch $\phi^\star \phi$ berechnen. Nun teile man B in zwei Teile, nämlich B_1 und B_2, und sende B_1 nach Paris und B_2 nach Tokio. Diese neue Situation wird durch zwei Wellenfunktionen beschrieben, und zwar ϕ_1 und ϕ_2. Dementsprechend ergibt sich eine Wahrscheinlichkeit $P_{1(2)}$, das Elektron in der Schachtel $B_{1(2)}$ zu finden. $P_1 + P_2 = 1$.

Öffnet man die Schachtel in Paris, so findet man das Elektron entweder dort oder nicht. In jedem Fall kann man nun mit Sicherheit das Ergebnis einer zukünftigen Beobachtung in Tokio vorhersagen. Findet man zur Zeit t_0 das Elektron in B_1 in Paris, so ist man sicher, daß für alle $t \geq t_0$ $P_2 = 0$ ist. Also verschwindet die Wellenfunktion ϕ_2 zumindest für alle $t > t_0$.

Nun gibt es zwei Interpretationsmöglichkeiten: 1) Wir können annehmen, daß die (positive) Beobachtung in Paris die Wellenfunktion in Tokio instantan auf Null reduziert (action-at-a-distance). 2) Wir können annehmen, daß das Elektron von vornherein in Paris war und daß somit ϕ_1 und ϕ_2 lediglich unser Wissen *vor* jeglicher Beobachtung widerspiegeln. In diesem Fall gibt es wiederum zwei Möglichkeiten: 2a) Die QM ist keine Theorie des Seienden. Vielmehr ist sie nur eine Theorie dessen, was wir beobachten. Wir müssten also das Da-Sein und das So-und-so-Sein von einer Art Wir-Sein, über das wir noch nichts wissen, scharf trennen. Nur letzteres wäre dann die QM. Dieser Ansatz vermeidet Paradoxa, aber zu welchem Preis? 2b) Die QM als Theorie des So-und-so-Seins wirft jedoch Fragen auf, die sich weitab von jeder üblichen Physik bewegen. Wir müssen dann erklären, wie die Beobachtung in Paris zum Kollaps der Wellenfunktion in Tokio führt. Das scheint nicht ohne zummindest einen zusätzlichen Parameter zu gehen.

Noch einmal: Die Schachtelteile befinden sich in Paris bzw. Tokio. Wir öffnen in Paris B_1 und stellen fest: Das „Teilchen" ist da drin. Also ist es nicht in Tokio. Entweder war es schon immer in B_1, oder sein Anteil in B_2 ist durch das Öffnen nach Paris transferiert worden. Letzteres erscheint äußerst dubios. Daher bevorzugen wir Lösung 1. Wenn das Elektron aber schon immer in B_1 war, dann muß es einen Parameter, also eine verborgene Variable geben - wir nennen sie λ -, die den Aufenthaltsbereich festlegt. Sei $\lambda = +1$ für B_1 bzw. Paris. λ ist aber *kein* Element der Quantenmechanik. Vielmehr schränkt es deren Wahrscheinlichkeitsaussagen ein. Also ist die QM unvollständig.

Nun gibt es aber noch einen Ausweg. Wenn wir annehmen, daß es völlig sinnlos ist, über etwas zu sprechen, das wir *nicht* beobachtet haben, so nehmen wir solche „Dinge" aus dem Bereich unserer Wahrnehmung heraus. Wenn wir glauben, nur das, was wir im weitesten Sinne gesehen haben, sei real, dann schieben wir alles andere in das Reich der Fiktion. Was wir gesehen haben, ist der Fall. Es ist der Fall, daß unser Zählrohr um 13:23:44 Uhr angesprochen wird bzw. ein Signal ausgesendet hat. Wittgenstein sagt: Die Welt ist, was der Fall ist. Wenn sich die Physik mit der Welt beschäftigt, also mit dem, was der Fall ist, haben wir ein ganz großes Problem. Die Annahme eines tat-sächlichen Da-Seins des Elektrons in Raum und Zeit darf jetzt nicht mehr im üblichen Sinne gelten. Das Elektron eksistiert zwar, aber wie? Wie wollen wir dann ein Experiment zu seiner Beobachtung entwerfen? Wir brauchen die Beobachtung, damit das Elektron Seinscharakter erhält. Wir brauchen aber das Experiment, um die Beobachtung durchführen zu können. Und wir brauchen die Überzeugung von der schieren Existenz des Elektrons, um überhaupt ein Experiment zu entwerfen. Ohne den Glauben daran, daß da „doch etwas *ist*", hat all unser Tun keinen Sinn. Der Positivismus löst das Problem nicht; er verschlimmert es!

5.4 λ und der von Neumannsche Beweis

Um der Sache auf den Grund zu gehen, suchen wir uns ein möglichst einfaches Beispiel aus, und zwar den Spin. Dabei handelt es sich - ohne ihn genauer definieren zu wollen - um einen nicht-klassischen Drehimpuls der Elementarteilchen, entdeckt durch den epochalen Versuch von Stern und Gerlach und fundiert durch die theoretische Ausarbeitung von Pauli (1922 bzw. 1925). Die Funktion ψ, die hier eine möglichst vollständige Beschreibung des Elektrons liefern soll, hängt nun also nicht nur von x, y, z und t ab, sondern auch von einer weiteren Variablen σ, welche die Werte ± 1 annehmen kann. Damit ist

$$\psi(x,y,z,t,\sigma) = \psi(x,y,z,t) \begin{pmatrix} 1 \\ 0 \end{pmatrix} \quad \text{bzw.} \quad \ldots \begin{pmatrix} 0 \\ 1 \end{pmatrix}, \quad (5.12)$$

je nachdem ob σ den Wert $+1$ oder -1 annimmt.

Der der Spinobservablen S entsprechende Operator $\hat{S}$ ist im allgemeinsten Fall gegeben durch

$$\hat{S} \;=\; \begin{pmatrix} \alpha_0 & \beta_0 \\ \beta_0^\star & \gamma_0 \end{pmatrix} \tag{5.13}$$

$$\;=\; \alpha\hat{E} + \vec{\sigma}\cdot\vec{\beta}, \tag{5.14}$$

wobei $\hat{E}$ die Einheitsmatrix ist und der Vektor $\vec{\sigma}$ aus den 3 Pauli-Matrizen σ_i besteht. Die Größen $\alpha_0 = \alpha + \beta_3$ und $\gamma_0 = \alpha - \beta_3$ sind reell. $\beta_0 = \beta_1 + i\beta_2$. Bei dem Produkt $\vec{\sigma}\cdot\vec{\beta}$ handelt es sich einfach um die Summe $\sum_i \beta_i\sigma_i$. Die Eigenwerte des

Spinoperators ergeben sich aus der Eigenwertgleichung

$$\hat{S}\begin{pmatrix} x \\ y \end{pmatrix} = s \begin{pmatrix} x \\ y \end{pmatrix} \qquad (5.15)$$

über die Forderung

$$\det\begin{pmatrix} \alpha + \beta_3 - s & \beta_1 - i\beta_2 \\ \beta_1 + i\beta_2 & \alpha - \beta_3 - s \end{pmatrix} = 0 \qquad (5.16)$$

zu $s = \alpha \pm |\vec{\beta}|$.

Nehmen wir nun an, wir hätten einen „Haufen" von irgendwie erzeugten Spin-Teilchen. Wenn wir dann sukzessive den Spin messen, so erhalten wir mit der Wahrscheinlichkeit p_1 das Ergebnis (den Eigenwert) $s_1 = \alpha + |\vec{\beta}|$ und mit p_2 das Ergebnis $s_2 = \alpha - |\vec{\beta}|$, wobei $p_1 + p_2 = 1$. Wenn wir die beiden Spinzustände ϕ_1 und ϕ_2 aber kennen, vereinfachen sich diese Werte möglicherweise. Mit der Spinfunktion $\phi_1 = (1, 0)$ kommen wir zu dem quantenmechanischen Erwartungswert

$$\langle \hat{S} \rangle_1 = (1, 0)\hat{S}\begin{pmatrix} 1 \\ 0 \end{pmatrix} = \alpha + \beta_3 \,, \qquad (5.17)$$

und mit $\phi_2 = (0, 1)$ zu

$$\langle \hat{S} \rangle_2 = \alpha - \beta_3 \,. \qquad (5.18)$$

Falls wir nun die mit den entsprechenden Wahrscheinlichkeiten verknüpften Eigenwerte mit der Summe dieser Erwartungswerte gleichsetzen, wenn also die Summe der wahrscheinlichkeitsgewichteten Eigenwerte gleich der Summe der Erwartungswerte ist, ergibt sich

$$p_1 \cdot (\alpha + |\vec{\beta}|) + p_2 \cdot (\alpha - |\vec{\beta}|) = (\alpha + \beta_3) + (\alpha - \beta_3). \quad (5.19)$$

Die Summe der beiden Einzelwahrscheinlichkeiten ist 1. Daher enden wir bei

$$p_1 = \frac{1}{2} \cdot \left(\frac{\alpha}{|\vec{\beta}|} + 1 \right) \text{ und } p_2 = -\frac{1}{2} \cdot \left(\frac{\alpha}{|\vec{\beta}|} - 1 \right).^{[1]} \quad (5.20)$$

Wie kommen wir nun zu von Neumanns Theorem? Wir betrachten wiederum eine Spin-Observable S und führen N entsprechende Messungen an einem Ensemble aus N gleich präparierten Teilchen durch, so daß wir die Resultate $s_1, s_2, \ldots, s_N$ erhalten. $\Delta S \equiv \sigma(S)$ ist die positive Quadratwurzel aus der Varianz (Dispersion) $\langle \hat{S}^2 \rangle - \langle \hat{S} \rangle^2$, wobei

$$\langle \hat{S}^2 \rangle = \frac{1}{N} \sum_{i=1}^{N} s_i^2, \quad (5.21)$$

also der Mittelwert der Quadrate $(\overline{s^2})$, und

$$\langle \hat{S} \rangle^2 = \left(\frac{1}{N} \sum_{i=1}^{N} s_i \right)^2 \quad (5.22)$$

das Quadrat des Mittelwerts $\overline{s}^2$ ist. Wir nehmen nun an, es existiere eine verborgene Variable λ mit dem festen Wert λ_0

---

[1] Dieses Ergebnis widerspricht dem in Gleichung 9 auf Seite 45 von Selleri [14] angegebenen.

für alle Teilchen, die das Ergebnis eindeutig bestimmt. Dann erhalten alle s_i den Wert $s(\lambda_0)$, und es gilt: $s_i^2 = s(\lambda_0)^2, \forall i$. Daraus folgt offensichtlich, daß

$$\Delta S \equiv \sigma(S) = \left(\overline{s(\lambda_0)^2} - \overline{s(\lambda_0)}^2 \right)^{1/2} = 0 \,. \qquad (5.23)$$

Ein solches Ensemble nennt man dispersionsfrei. Wir nehmen nun an, es gäbe eine zweite Observable T, deren Messung durch die verborgene Variable μ bestimmt werde.

$$\Longrightarrow \Delta T \equiv \sigma(T) = \left(\overline{t(\mu_0)^2} - \overline{t(\mu_0)}^2 \right)^{1/2} = 0 \qquad (5.24)$$

Also ist auch ein entsprechendes zweites Ensemble dispersionsfrei. Daraus schließen wir, daß die Existenz verborgener Parameter die Existenz dispersionsfreier Ensembles bedingt.

In der QM gilt *eigentlich* das folgende Axiom: Seien S und T zwei beliebige Observable und a, b zwei beliebige, reelle Zahlen. Dann gilt die Linearität der Mittelwerte, d. h.

$$\langle a\hat{S} + b\hat{T} \rangle = a \langle \hat{S} \rangle + b \langle \hat{T} \rangle \,. \qquad (5.25)$$

Wir betrachten nun der Einfachheit halber Ensembles von Spin-1/2-Teilchen, ohne dadurch die Allgemeingültigkeit der Aussagen einzuschränken. Wir untersuchen die den drei verschiedenen Spinobservablen S, T und U zugeordneten 2×2-Matrizen, wobei

$$\begin{aligned}
\langle \hat{S} \rangle &= s(\lambda_0) \,, & (5.26) \\
\langle \hat{T} \rangle &= t(\mu_0) \text{ und} \\
\langle \hat{U} \rangle &= u(\nu_0) \,.
\end{aligned}$$

Jetzt wählen wir

$$\hat{S} = \sigma_1 \,, \hat{T} = \sigma_2 \text{ und } \hat{U} = \vec{\beta} \cdot \vec{\sigma}\,, \tag{5.27}$$

wobei $\vec{\beta} = (1,1,0)$ und somit $|\vec{\beta}| = \sqrt{2}$. Da $\hat{U} = \hat{S} + \hat{T}$, folgt aus dem obigen Axiom

$$\langle \hat{U} \rangle = \langle \hat{S} + \hat{T} \rangle = \langle \hat{S} \rangle + \langle \hat{T} \rangle\,. \tag{5.28}$$

Merke: Wir haben gleich präparierte Teilchen vor uns. Daraus folgt $\langle \hat{U} \rangle = \pm\sqrt{2}$ und $\langle \hat{S} \rangle, \langle \hat{T} \rangle = \pm 1$. Gleichung 5.28 führt uns damit zu

$$\pm\sqrt{2} = \pm 1 \pm 1\,, \tag{5.29}$$

was offensichtlich falsch ist.

Daraus ergeben sich zwei Auswege: Entweder ist das Axiom falsch, oder es gibt keine verborgenen Variablen (sodaß keine dispersionsfreien Ensembles existieren). Ein Begleitaspekt ist der folgende: Kann es dispersionsfreie Ensembles *ohne* verborgene Variable geben? Um dies zu klären, betrachten wir den obigen Fall für $N = 2$.

$$\begin{aligned}
\Delta S &= \sqrt{\frac{1}{2}\left(s_1^2 + s_2^2\right) - \left(\frac{1}{2}(s_1 + s_2)\right)^2} \\
&= \frac{1}{2}\left(s_1 - s_2\right)
\end{aligned} \tag{5.30}$$

Wenn wir glauben, daß λ die Größen s_i prädeterminiert, kann es keine paarweise Unabhängigkeit der s_i voneinander geben, sofern man vom schieren Zufall absieht. $\Delta S = 1/2 \cdot$

$(s_1 - s_2)$ führt dann für $s_1 = s_2$ zu 0, für $s_1 = -s_2$ jedoch zu ± 1. Fazit: *Wenn und nur wenn* Prädeterminierung durch ein λ bzw. λ_0 erfolgt, kann $\Delta S = 0$ sein und somit ein dispersionsfreies (Sub)Ensemble vorliegen. Also bleibt zur Aufklärung des Widerspruchs (5.29) nur die Vermutung, daß das Axiom falsch ist, *obgleich* seine Gültigkeit zumindest im Bereich der klassischen Mechanik gegeben wäre. Oder: Verborgene Variable existieren nicht. Und das ist der Inhalt von von Neumanns Beweis (besser: Theorem).

Die Literatur zu diesem Thema ist zwar Legion, führt aber zu keiner befriedigenden Lösung des Problems.

Kapitel 6

Messungen

6.1 Ehrenfests Theorem

In der Beschreibung der Mikrowelt, die der QM gehorcht, wurde schnell klar, daß es einer diffizilen Grenzziehung zur Makrowelt bedarf, die ja den Gesetzen der klM unterliegt. Aber: Im Labor haben wir im Vorgang der Messung eine Vereinigung der beiden Welten, obgleich sich QM und klM (noch) unvereinbar gegenüber stehen.

Wir nutzen das Schrödinger-Bild: Die das Quanten-Dings beschreibende Wellenfunktion ψ sei zeit*abhängig*, die Operatoren in der Regel nicht. Dann gilt mit dem Hamiltonoperator $\hat{H}$ die Gleichung

$$i\hbar \frac{d\psi(t)}{dt} = \hat{H}\psi(t).$$

(6.1)

Wir definieren einen unitären Entwicklungsoperator gemäß

$$\hat{U}(t) \;=\; \exp^{-\mathrm{i}\hat{H}t/\hbar} \text{ so,} \tag{6.2}$$

$$\text{daß } \psi(t) \;=\; \hat{U}\psi(0)\,. \tag{6.3}$$

In einer klassischen Betrachtungsweise ist es jedoch die Observable, die sich mit der Zeit ändert, und nicht etwa ein mathematisches Objekt ψ, das das Sein o. ä. des fraglichen Dinges beschreibt. ψ bleibt bei $\psi(0)$, aber die Observable B unterliegt der Transformation

$$\hat{B}(t) = \hat{U}^{\dagger}(t)\hat{B}(0)\hat{U}(t)\,, \tag{6.4}$$

so daß sich ihr Wert von b_0 zu b_x verschiebt.

$$\Longrightarrow \frac{d\hat{B}(t)}{dt} \;=\; \frac{d\hat{U}^{\dagger}(t)}{dt}\hat{B}(0)\hat{U}(t) + \hat{U}^{\dagger}(t)\hat{B}(0)\frac{d\hat{U}(t)}{dt} \tag{6.5}$$

$$=\; \frac{\mathrm{i}}{\hbar}\,\hat{H}\hat{U}^{\dagger}\hat{B}\hat{U} - \frac{\mathrm{i}}{\hbar}\,\hat{U}^{\dagger}\hat{B}\hat{U}\hat{H} \tag{6.6}$$

Bei dem Übergang von (6.5) nach (6.6) haben wir von der Vertauschbarkeit von $\hat{H}$ und $\hat{U}$ Gebrauch gemacht. Somit erhalten wir letztlich

$$\frac{d\hat{B}(t)}{dt} = \frac{\mathrm{i}}{\hbar}\left[\hat{H}, \hat{B}(t)\right]\,. \tag{6.7}$$

Für einzelne Teilchen im eindimensionalen Raum gilt:

$$\hat{H} = \frac{1}{2m}\,\hat{P}^2 + \hat{V}(Q) \tag{6.8}$$

Das Potential V hängt vom Ort Q ab. Der jedoch ist wiederum zeitabhängig.

$$(6.7, 6.8) \implies \frac{d\hat{P}(t)}{dt} = \frac{\mathrm{i}}{\hbar} \left[\hat{H}, \hat{P}(t) \right] \tag{6.9}$$

$$= \frac{\mathrm{i}}{\hbar} \left[\hat{V}(Q(t)), \hat{P}(t) \right]$$

$$= -\frac{\mathrm{i}}{\hbar} \left[\hat{P}(t), \hat{V}(Q(t)) \right] \tag{6.10}$$

$$= -\frac{d}{dt} \hat{V}(Q(t)) \tag{6.11}$$

Siehe [15]. Wenn dise Beziehung gilt, dann gilt sie auch für die Erwartungswerte für ein gegebenes $\psi(0)$:

$$\left\langle \frac{d\hat{P}}{dt} \right\rangle = - \left\langle \frac{d\hat{V}}{dt} \right\rangle \tag{6.12}$$

Diese Gleichung entspricht formal einer der Hamilton-Gleichungen aus der klM. Allerdings kennen wir den Term auf der rechten Seite, den Erwartungswert des Kraftoperators, nicht. *Wenn* wir allerdings diesen Mittelwert einer Funktion des Ortes durch eine Funktion des mittleren Ortes des Teilchens ersetzen, wenn also

$$\langle \hat{V}(Q) \rangle = \hat{V}(\langle Q \rangle), \tag{6.13}$$

dann gilt

$$\left\langle \frac{d\hat{P}(t)}{dt} \right\rangle = - \frac{d\hat{V}(\langle Q(t) \rangle)}{dt}. \tag{6.14}$$

In diesem Fall gehorchen die quantenmechanischen Mittel von Ort und Impuls den klassischen Bewegungsgleichungen, und wir hätten den gesuchten Übergang von der QM zur klM. Ehrenfests Theorem. Unglücklicherweise gilt aber (6.13) in der Regel gar nicht, jedoch zumindest näherungsweise dann, wenn das Teilchen in Bezug auf die typische Längenskala für Änderungen der Kraft lokalisiert ist [16]. Vom Prinzip her haben wir damit wenigstens ein Konzept für die eingehendere Beschreibung von Messungen.

6.2 Der Meßprozeß

Wir halten uns nachstehend im wesentlichen an die allerdings nicht optimale Darstellung von Omnès [17]. Ein physikalisches System Q befinde sich anfänglich in einem gegebenen Quantenzustand. Bestimmt werden soll an diesem System der Wert einer Größe A. Die Messung wird durchgeführt mit Hilfe eines anderen Systems, dem Meßgerät M, das im wsentlichen aus makroskopischen Bauteilen besteht. Das Wesen des Geräts verstehen wir auf der Basis der klM, *obgleich* seine Wechselwirkung mit Q mit Hilfe der QM zu beschreiben ist. Und darin deutet sich schon das Kernproblem an, der Zusammenhang der zwei fundamentalen Theorien, der uns schon im Falle des Pendels beschäftigt hat. Zur Klärung dieses Zusammenhangs machen wir Gebrauch von Ehrenfests Theorem.

Solange Q isoliert bleibt, wird es durch die Wellenfunktion ψ (oder den statistischen Operator ρ) im Hilbertraum $\mathbf{H}_Q$ beschrieben. Seine Dynamik wird bestimmt durch den Hamiltonoperator $\hat{H}_Q$. Für das Meßgerät M gibt es analog die Größen ϕ, $\mathbf{H}_M$ und $\hat{H}_M$. Die Observable A wird repräsentiert durch den selbstadjungierten Operator $\hat{A}$ auf $\mathbf{H}_Q$, und wir nehmen der Einfachheit halber an, alle Eigenwerte a_i seien nichtentartet und diskret. Für das Gesamtsystem Q + M haben wir den Hilbertraum $\mathbf{H}_Q \otimes \mathbf{H}_M$ und den Hamiltonoperator $\hat{H}_0 = \hat{H}_Q + \hat{H}_M$, sofern Q und M nicht miteinander wechselwirken. Die Wechselwirkung wird durch einen Kopplungsterm erfaßt, so daß für den Gesamt-Hamiltonoperator gilt: $\hat{H} = \hat{H}_0 + \hat{H}_C$.

Wenn wir nun die Messung starten, bedeutet dies, daß wir gleichsam die Wechselwirkung der beiden Systeme einschalten und dadurch die Position X eines Zeigers (oder die Zahl auf einem elektronischen Display) verändern. Beispielsweise führt in einem Stern-Gerlach-Experiment die Bewegung des Teilchens (Q) zum Eintritt in das Magnetfeld des Geräts (M). Ort und Spin des Teilchens werden entkoppelt, und der Spin kann ungestört mit dem Feld interagieren. Wir beschreiben dies mit Hilfe des Wechselwirkungsoperators $\hat{H}_C = -g(t)\hat{P}\hat{A}$. $\hat{P}$ ist der für die Bewegung des Zeigers verantwortliche Kraftoperator (oder Generator der Translation) für X, so daß $x_0 \longrightarrow x_i$. Diese Translation wird gelenkt durch den jeweiligen Eigenwert von $\hat{A}$. Die Funktion $g(t)$ stellt eine Art Aktivierungsfaktor für die Q-M-Kopplung dar und sei gleich 0 außerhalb eines Zeitintervalls $[-\varepsilon, +\varepsilon]$.

Nehmen wir nun an, A sei eine Konstante der Bewegung und der Ausgangszustand von Q ein Eigenzustand von $\hat{A}$ mit dem Eigenwert a_n. In der Dirac-Notation wird der Eigenzustand geschrieben als $|a_n\rangle$. Vor der Wechselwirkung ist der Gesamtzustand einfach $|\alpha\rangle = |a_n\rangle \otimes |\phi\rangle$. Er gehorcht der Schrödingergleichung

$$i\hbar \frac{d}{dt}|\alpha(t)\rangle = \hat{H}|\alpha(t)\rangle\,, \tag{6.15}$$

die durch $|\alpha(t)\rangle = \hat{U}(t)|\alpha(0)\rangle$ gelöst wird.

Solange die Wechselwirkung noch nicht stattfindet, also vor $t = -\varepsilon$, haben wir nur den freien Hamiltonoperator $\hat{H}_0$, so daß $\hat{U}(t) = \exp(-i\hat{H}_0 t/\hbar)$. Zwischen $t = -\varepsilon$ und $t = +\varepsilon$ ist $g(t)$ aber relevant und sorgt dafür, daß

$$\hat{U}(\varepsilon) = \exp\left(-\frac{i}{\hbar}\int_{-\varepsilon}^{+\varepsilon}\hat{H}(t)dt\right)\hat{U}(-\varepsilon)$$

$$= \exp(i\lambda\hat{P}\hat{A}/\hbar)\,\hat{U}(-\varepsilon) \tag{6.16}$$

mit

$$\lambda = \int_{-\varepsilon}^{+\varepsilon} g(t)dt\,. \tag{6.17}$$

Wenn das Gerät auf einen Eigenzustand von A mit dem Eigenwert a_n wirkt, dann ändert sich das Argument der Exponentialfunktion von (6.16) zu $i\lambda\hat{P}a_n/\hbar$. Diese e-Funktion ist der Operator, der die Zeigerstellung von x_0 zu $x + \lambda a_n$ verschiebt und damit das Resultat der Messung anzeigt. Die Wellenfunktion des Geräts zum Ende der Messung ist daher $\phi(x + \lambda a_n)$. Wenn der Verstärkungsfaktor λ groß genug ist, können wir das Ergebnis problemlos zur Kenntnis nehmen, weil sich die durch diese ϕ repräsentierten Zeigerstellungen problemlos voneinander unterscheiden lassen.

Was wir also erhalten sind die Eigenwerte b_n einer Observablen B, die zu M gehört und der Observablen A entspricht, die ja zu Q gehört. Der Anfangszustand von M ist dann $|b_0 r\rangle$, wobei r all die anderen, im Prinzip uninteressanten Variablen in der Wellenfunktion ϕ repräsentiert. Die verschiedenen r stehen also für den „Rest" des Meßgeräts, der ja durch die Messung auch irgendwie beeinflußt wird. Der eigentliche Meßprozeß ist gegeben durch den Übergang

$$|a_n\rangle \otimes |b_0 r\rangle \longrightarrow \sum_{r'} c_{r,r',n} |a_n\rangle \otimes |b_n r'\rangle. \qquad (6.18)$$

Die linke Seite repräsentiert den Anfangszustand von Q (mit a_n) und M. Rechts sehen wir das Ergebnis der Messung: Q ist nach wie vor in dem Eigenzustand $|a_n\rangle$ von A, während sich aber M in dem durch b_n charkterisierten Zustand befindet, der durch die verschiedensten Änderungen des Geräts, gegeben durch die r', gewichtet wird. Wenn nun aber der Anfangszustand von Q nicht ein Eigenzustand von $\hat{A}$ ist sondern eine beliebige Superposition gemäß

$$|\psi\rangle = \sum_{n} \mu_n |a_n\rangle, \qquad (6.19)$$

dann ist der Endzustand des Ganzen gegeben durch

$$\sum_{n} \sum_{r'} \mu_n c_{r,r',n} |a_n\rangle \otimes |b_n r'\rangle. \qquad (6.20)$$

Betrachten wir weiterhin den Fall, daß das in das Gerät eintretende Teilchen hinten, nach vollzogener Messung, nicht wieder herauskommt, also quasi vom Gerät verschluckt, von seinen Wänden absorbiert wird. Dies dürfte der Regelfall sein. Dann ändert sich das System von M zu M', und seine Eigenzustände sind durch $|b_n r'\rangle_{M'}$ gegeben. Der Meßprozeß stellt sich jetzt als folgender Übergang dar:

$$\sum_n \mu_n |a_n\rangle \otimes |b_0 r\rangle_M \longrightarrow \sum_{n,r'} \mu_n c_{r,r',n} |b_n r'\rangle_{M'} . \qquad (6.21)$$

Dabei gilt

$$\sum_{r'} |c_{r,r',n}|^2 = 1 \ \forall \ r, n , \qquad (6.22)$$

und die Wahrscheinlichkeit, im Endzustand den Wert b_m realisiert zu haben, ist

$$\sum_{r'} |\mu_m|^2 |c_{r,r',m}|^2 = |\mu_m|^2 . \qquad (6.23)$$

Diese Wahrscheinlichkeit entspricht derjenigen, für die Observable A im Zustand $|\psi\rangle$ den Wert a_m zu erhalten.

Das zentrale Problem dieser Beschreibung des Meßprozesses liefert uns Formel 6.21: Das (veränderte) Meßgerät, also M', liegt in einer linearen Superposition *makroskopisch unterscheidbarer* Zustände vor! Wie kann so etwas aussehen?

Viel wichtiger aber erscheint die Frage: Wie kann diese Delokalisierung, das „Verschmieren" der möglichen Einzelresultate, zugunsten einer klaren Lokalisierung, einer präzisen Zeigerstellung, aufgelöst werden? Ähnlich ist die CAUSA bei Ehrenfests Theorem: In diesem Fall kommen wir durch Lokalisierung zu einem klassischen Verhalten, sprich: zu einer klassischen Bewegungsgleichung.

Auch die Einführung verborgener Variabler dient dem Schritt vom Gemenge von Werten zu präzisen Daten.

Im Prinzip gibt es zwei Möglichkeiten. Entweder akzeptieren wir, daß auch Meßgeräte quantenmechanisch zu beschreiben sind. Dann stehen wir vor dem Problem, die typisch quantenmechanische Überlagerung (Delokalisierung) zu entwirren, also aus dem Datenbrei in Abhängigkeit von der Größe des messenden Systems (!) einzelne Meßwerte herauszurechnen. Oder wir akzeptieren, daß QM und klM einander fremd sind und M lediglich durch die klM richtig beschrieben wird. Damit ersparen wir uns gigantische Probleme, indem wir einfach den Zusammenhang $a_m \longleftrightarrow b_m$ für gegeben halten und sein Wesen ignorieren. Dies ist die Vorgehensweise der sog. Kopenhagener Schule. Aber - kann es eine Formulierung der Physik geben, die auf zwei verschiedenen Kategorien von Gesetzen beruht und trotzdem logisch konsistent ist?

Die Bemühungen zur Lösung dieses sog. Meßproblems sind kaum noch zu überblicken. Man verfolgt im wesentlichen zwei Linien:

Versuch 1: Die Einführung verborgener Variabler *trotz* von Neumanns Beweis ihrer Nichtexistenz.

Versuch 2: Ausarbeitung á la Kopenhagen.

6.3   Sein und Zeit

Schon der junge Heidegger weist auf einen zentralen Gesichtspunkt beim Denken über die Zeit hin: «Die Funktion der Zeit ist es, Messung zu ermöglichen.» [18] Und Messung bedeutet hier:

Zuordnung einer Zahl zu einem Ding oder Vorgang. Daß die Zeit z. B. bei der Messung einer Geschwindigkeit eine zentrale Rolle spielt, ist klar. Das gilt aber auch für vermeintlich Konstantes, denn ob etwas konstant ist oder nicht kann nur durch Messung bei verschiedenen Zeiten herausgefunden werden.

Was wir also brauchen, sind Aktionen zu mindestens zwei verschiedenen Zeiten, t_1 und t_2, so daß über die bekannte Formel

$$\frac{d}{dx} f(x) = \lim_{\Delta x \to 0} \frac{f(x_2) - f(x_1)}{x_2 - x_1} \tag{6.24}$$

die Änderung der Größe f bestimmt werden kann. Die Variable x kann entweder gleich t sein oder von t abhängen ($x(t)$). Aus diesem Grund kann man den Impuls P nicht gleichzeitig mit dem Ort Q messen. Sei $x = t$. Zur Zeit t_1 erfolge die Ortsmessung (Q). Dann liefert (6.24) den Impuls des Dinges zu dieser Zeit t_1, wenn wir sowohl zu t_1 als auch zu t_2, $t_2 > t_1$, die Größe f messen. Dann läßt sich P näherungsweise festlegen. Je kürzer das Zeitintervall, desto besser die Näherung. $\Delta t = 0$ ist aber praktisch unmöglich. Selbst wenn man Q und die erste für P erforderliche Größe $f(t_1)$ *zeitgleich* messen könnte - wie sollte das im Labor realisiert werden? -, bräuchte man eine zweite Messung, um zu einem Resultat zu kommen. Die QM zeigt uns, daß es für die Bestimmung von Q und P einen Mindest*wirk*abstand von $\hbar/2$ gibt! Wenn wir die Energie für die P-Bestimmung kennen, läßt sich daraus sofort das Mindestintervall zwischen den beiden t festlegen.

Kehren wir zurück zum Pendel. Wir wissen, daß die Operatoren für Ort und Impuls nicht kommutieren. Allerdings: Die kinetische Energie leitet sich vom Impuls ab. Daher ist

$[\hat{Q}, \hat{E}_{kin}] \neq 0$. Der Operator für die potentielle Energie, $\hat{E}_{pot} \equiv \hat{V}$, kommutiert jedoch mit $\hat{Q}$, und das hat folgende Konsequenzen: Solange wir uns nur auf die potentielle Energie konzentrieren, ist das Teilchen präzise lokalisiert. Wenn aber das Teilchen, also klassisch die Pendelkugel, losgelassen wird, mithin das System zu schwingen anfängt, tritt die kinetische Energie hinzu, und der gemeinsame Operator kommutiert nicht mehr mit $\hat{Q}$. Fazit: Das Teilchen „verschmiert", was im klassischen Fall nur schwer vorstellbar ist. Aber der Begriff „verschmieren" ist völlig irreführend. Es geht um nichts anderes als *Delokalisation*. Die Energie-Ort-Unschärferelation sagt nur, daß das Ding in Bewegung ist, und Bewegung bedeutet: Zeit 1 $\longrightarrow$ Zeit 2, also Ort 1 $\longrightarrow$ Ort 2. Und das wiederum ist nichts anderes als der Wechsel des LOCUS - die De-lokalisation.

Im Falle von Schrödingers Katze geht es um das Wechselspiel von Leben und Tod im Licht der QM. Ausgehend von (2.5) und (2.6) machen wir den Ansatz

$$|c_L(t)|^2 \;=\; c^2(t) = f \tag{6.25}$$

$$|c_T(t)|^2 \;=\; -\mathrm{i}^2\,(1 - c(t))^2 = 1 - f\,, \tag{6.26}$$

wobei

$$f = \tanh\left(a\frac{t}{\tau}\right) + 1\,. \tag{6.27}$$

a ist ein noch zu wählender Parameter und τ die Halbwertszeit des radioaktiven Präparats. a ergibt sich aus der Forderung

$$|c_L(t = \tau)|^2 = |c_T(t = \tau)|^2 = \frac{1}{2} \tag{6.28}$$

zu

$$a = \operatorname{Artanh}\left(-\frac{1}{2}\right) = \frac{1}{2}\ln\frac{1}{3} \approx -0.549306\,. \qquad (6.29)$$

Die nachstehende Grafik zeigt den Verlauf der Betragsquadrate der Koeffizienten c_L und c_T in Abhängigkeit der Variablen t/τ.

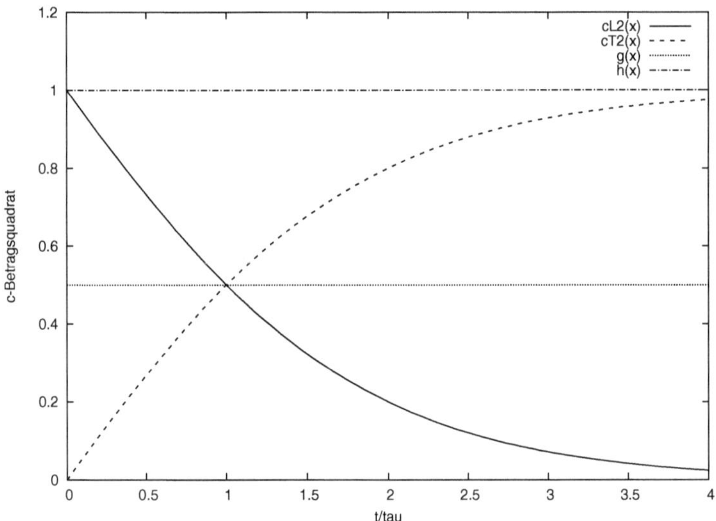

Wir kehren zurück zu Gleichung 2.7:

$$\langle\psi|\psi\rangle = c^2 + \mathrm{i}c\,(1-c)\,b + (1-c)^2 = 1$$
$$\Longrightarrow (c^2 - c)(2 - \mathrm{i}b) = 0 \qquad (6.30)$$

Eingangs hatten wir die Lösungsmöglichkeiten $c = 0$ und $c = 1$ untersucht, die zu einer Heaviside-Funktion führen. Jetzt betrachten wir den zweiten Faktor, nämlich $(2 - ib)$. Mit (2.15), dem Ergebnis für $c = 0$ oder $c = 1$, erhalten wir dann dessen Voraussetzung, $A^2 + B^2 = 1$. Damit ist klar: Die Rechnung ist in sich schlüssig, und die Zustandsgrößen für Leben und Tod, ψ_L und ψ_T, sind in der komplexen Zahlenebene zueinander orthogonal. $|\psi_L\rangle$ entspricht dabei dem Vektor $\vec{1}$ und $|\psi_T\rangle$ dem Vektor $-\vec{i}$.

$$\implies \langle\psi_T|\psi_L\rangle = i = -\langle\psi_L|\psi_T\rangle \tag{6.31}$$

Die Wahrscheinlichkeit, ob die Katze lebt oder tot ist, wird durch das Verhältnis von $|c_L|^2$ zu $|c_T|^2$ bestimmt. Was aber ist der Charakter der sog. Wellenfunktion ψ, aus der sich diese beiden Kennzahlen für die Wahrscheinlichkeit extrahieren lassen? Eng damit verbunden ist die Frage nach der Art dieser Wahrscheinlichkcit: Handclt es sich um die Wahrscheinlichkeit von Individualereignissen, oder geht es um die relative Häufigkeit im Rahmen eines Ensembles? Im Falle der Katze ist die Frage eindeutig zu beantworten, aber da handelt es sich ja auch nur um ein kaum zu realisierendes Extrembeispiel. Also: Wofür steht ψ?

ψ ist das So-und-so-Sein des warticles in einem mathematischen Kontext. Alles, was wir über ein warticle wissen können, läßt sich mit Hilfe eines geeigneten Operators aus selbigem herausholen. Ort, Energie, Spin, Farbe usw. sind Eigenheiten, also dem warticle anhaftende, mehr oder weniger veränderliche Kennzeichen. Die Werte dieser Eigenheiten legen das So-und-so-Sein des warticles fest. ψ also nicht das Seiende selbst sondern

„lediglich" der Katalog der möglichen Werte der möglichen Eigenheiten. Und damit ist klar: Die *Zeit* gehört *nicht* in diesen Katalog, denn eine Aussage wie »Das Fulleren-C_{60}-Molekül hat 3,4 Sekunden.« ist sinnlos. Zeit ist kein Besitz; Zeit ist vielmehr ein Raum, in dem sich etwas ereignet. »Das Molekül hat sich binnen 3,4 Sekunden die 17 cm vom Ort q_1 zum Ort q_2 auf der vergoldeten Oberfläche des Geräts bewegt.« Zeit ist der Ereignisraum. In diesem Raum ist ψ. Und damit ist auch klar: Es gibt keinen Zeitoperator $\hat{t}$! Zeit ist keine Eigenschaft. Zeit ermöglicht das *Messen* einer Eigenschaft. Und die Zeit an sich ist ja nicht meßbar. Es gibt natürlich periodische Vorgänge, und die gefühlte Distanz zwischen zweien solcher Einzelereignisse benennen wir mit dem Wort „Zeit" und einer Zahl. Diese Zahl ist im strengen Sinn nicht *meßbar*. Sie ergibt sich aus dem Vergleich zweier zueinander gehörender Ereignisse. Nehmen wir demgegenüber als Beispiel eine Ortsmessung. Sie verläuft dadurch, daß wir den *Abstand* von einem Bezugspunkt durch Ablesen an einem Maßstab gewinnen: »Von der Eiche aus 15 Meter in Richtung Norden.« In puncto Zeit könnte man zwar sagen, »es vergehen 15,2 Füllungen einer Sanduhr vom Typ Krüger vom Beginn der Wehen bis zur eigentlichen Geburt«, aber ist dieses Vorgehen von gleicher Art wie das bei der Ortsmessung? Beim Ort messen wir den Abstand zur Zeit t und erhalten q. Bei der Zeit messen wir den Abstand zweier *Ereignisse*. Bei der Ortsmessung hat die Zeit nur sekundäre Bedeutung. Die Wiederholung der Messung zu einem zweiten Zeitpunkt dient lediglich dazu, herauszufinden, ob sich das warticle oder Ding bewegt.

Heidegger hat sich 1924 in einem Vortrag vor der Marburger

Theologenschaft ausführlich mit der Zeit beschäftigt [19]. Er faßt unsere obigen Überlegungen wie folgt zusammen: »Das Dasein ..., *ist die Zeit selbst,* nicht *in* der Zeit. ... Das Zukünftigsein als Möglichkeit des Daseins als jeweiligen gibt Zeit, weil es die Zeit selbst *ist* « Die Schwierigkeiten, die viele Phyiker mit der Zeit haben, bringt Heidegger auf den Punkt: »Ist einmal die Zeit als Uhrzeit definiert, so ist es hoffnungslos, je zu ihrem ursprünglichen Sinn zu gelangen. « [20]

Genau diesen Fehler begeht Primas in seinem schwer lesbaren Essay »Time-Entanglement Between Mind and Matter « [21], passend zum Titel der Zeitschrift: »... the emergence of time is not primarily related to cosmology. It is a pure quantum phenomenon, leading to a non-classical time. « In der Herleitung der Zeit als eines universellen Ordnungsprinzips stützt er sich auf den Bruch einer zeitlosen, holistischen Realität in einen „tensed nonmaterial" und einen „tenseless material" Bereich, ohne sich gründlich mit Realität im Sinne von RES und der Materie an sich zu beschäftigen. Solche methodischen Fehler geschehen zuhauf. Der Rückgriff auf mathematische Strukturen ohne Rücksicht auf deren philosophische Wurzeln zieht sich durch das ganze Werk, und der Autor versteigt sich dann zu Aussagen wie der, daß das Konzept (?) der „nowness"(Jetztheit? Gegenwart?) seinen Ursprung in dem o. g. nichtmateriellen Bereich habe.

6.4   Das Einstein-Podolsky-Rosen-Problem und Bells Ungleichung

Im Jahre 1935 haben Einstein, Podolsky und Rosen (kurz: EPR) ein Experiment ersonnen, das die Unvollständigkeit der QM als Theorie für den Mikrokosmos zeigen bzw. die Notwendigkeit ihrer Ergänzung durch verborgene Variable beweisen soll. Zu diesem Zweck haben EPR das folgende Realitätskriterium entwickelt [22]:

> **Postulat:** Wenn wir, ohne ein System irgendwie zu stören, mit Sicherheit (also mit der Wahrscheinlichkeit 1) den Wert einer physikalischen Größe vorhersagen können, dann gibt es ein Element der physikalischen Realität[1], das zu dieser physikalischen Größe gehört.

Salopp gesagt: Sicherheit der Vorhersage gleich Existenz im landläufigen Sinne! Wir halten uns nun im folgenden an die Darstellung von Home und Selleri [23].

Innerhalb der QM ist der Ort Q durch einen selbstadjungierten Operator $\hat{Q}$ so beschrieben, daß dessen Wirkung auf eine Wellenfunktion durch die Eigenwertgleichung

$$\hat{Q}\, u(q;x) = q\, u(q;x) \tag{6.32}$$

---

[1]Auch hier wird wieder vorausgesetzt, daß jedermann weiß, was „Realität" bedeutet. Dem ist aber absolut nicht so, und ohne grundlegende Untersuchung können wir doch ehrlicherweise über *die* Realität gar nichts sagen.

mit $q \in \mathbf{R}$ und $u(q;x) = \delta(x-q)$ gegeben ist. u sorgt dafür, daß der Ort den scharfen Wert q hat. Betrachten wir jetzt den Impulsoperator

$$\hat{P} = -\mathrm{i}\hbar\,\frac{\partial}{\partial x} \qquad (6.33)$$

mit $p \in \mathbf{R}$ und $v(p;x) = \exp(\mathrm{i}px/\hbar)$ und der Eigenwertgleichung $\hat{P}v(p;x) = pv(p;x)$. Wir stehen nun vor dem Problem, daß *einem* Quantensystem nicht gleichzeitig p und q als reale Kenngrößen zugeordnet werden können, denn der Kommutator $[\hat{P},\hat{Q}]$ ist $\neq 0$. Da Ort und Impuls nicht gleichzeitig mit scharfem Wert gemessen werden können, q und p also nicht gleichzeitig realisierbar sind, folgern wir aus dem obigen Postulat, daß eine der beiden Größen *nicht* mit einem Element der physikalischen Realität korrespondiert.

Die Sache ändert sich dramatisch, wenn ein Ensemble aus zwei *korrelierten* Quantenobjekten, $(\alpha + \beta)$, betrachtet wird. *Mögliche* Wellenfunktionen für das Gesamtsystem bei festgelegter Zeit t_0 sind

$$\phi(q_0; x_\alpha, x_\beta) = \int c(q')u_\alpha(q'; x_\alpha)u_\beta(q_0 + q'; x_\beta)dq' \qquad (6.34)$$

und

$$\phi^\bullet(p_0; x_\alpha, x_\beta) = \int c^\bullet(p')v_\alpha(p'; x_\alpha)v_\beta(p_0 - p'; x_\beta)dp'. \qquad (6.35)$$

Was ergibt das? Eine Ortsmessung an α liefert den Wert q' mit der Wahrscheinlichkeit $|c(q')|^2$. Ein ähnliches Vorgehen für β führt dann mit Sicherheit zu dem Ergebnis $q'+q_0$. Die Resultate der beiden Messungen differieren um den Wert q_0. q_0 ist also ein Element der Realität (s. o.), das zu $(\alpha + \beta)$ gehört. In argumentativ gleicher Weise können wir in Bezug auf den Impuls vorgehen, und das heißt, man kann auch p_0 ein Element der Realität zuschreiben, das zu $(\alpha+\beta)$ gehört. Letztlich: Sowohl der Unterschied der Orte als auch die Summe der Impulse beziehen sich gemeinsam auf $(\alpha + \beta)$, und sie werden deshalb tatsächlich durch *kommutierende* Operatoren repräsentiert:

$$[\hat{Q}_\alpha - \hat{Q}_\beta, \hat{P}_\alpha + \hat{P}_\beta] = 0 \tag{6.36}$$

Die Ortsdifferenz Q_- und die Impulssumme P_+ können also gleichzeitig gemessen werden, sind also gleichzeitig Elemente detr phyikalischen Realität. Das heißt: Die simultane Zuschreibung von q_0 und p_0 zu einem Quantensystem $\alpha + \beta$ ist erlaubt. Korrelierte Quantenobjekte bedingen eine Korrelation von Q_- und P_+, von Ort und Impuls. Ergo gibt es nach EPR ein Element der physikalischen Realität, das zu β gehört und dessen Ort festlegt. Man könnte nun glauben, daß dieses Element nur existiert, wenn zuerst eine Messung an α vorgenommen wurde und mit Hilfe einer „spooky action-at-a-distance" das entsprechende Element für das räumlich separierte (!) Subsystem β erzeugt worden ist. Anders gesagt: Die Messung an α würde dann die sofortige Festlegung des Ortes für β bewirken! Ähnliches gilt für den Impuls. EPR nahmen jedoch an, daß dieses Element existiert *unabhängig* vom Tun an α.

Fazit: Wir haben zwei Möglichkeiten. Entweder akzeptieren wir, daß es solch eine spukhafte Fernwirkung gibt – was EPR nicht taten –, oder wir akzeptieren, daß es „Sachen" wie verborgene Variable gibt, die über die QM hinausweisen, diese Theorie also unvollständig ist, wenn es um die Beschreibung der Mikrowelt geht. Diese umständliche Argumentation führte bei den Physikern der dreissiger und späteren Jahre zu mannigfachem Kopfzerbrechen, wozu sicher der ungenaue Umgang mit ungenau definierten Grundbegriffen beitrug. Letztlich hängt alles auch davon ab, was wir unter einem korrelierten System verstehen. Aber dann kam Bell.

Gegeben sei ein Ensemble aus einer großen Zahl N von gleichartigen Paaren korrelierter Quantensysteme α und β, die z. B. deshalb korrlieren, weil sie durch den Zerfall instabiler Quantensysteme entstehen. Die Bestandteile α und β fliegen nach dem Zerfall in entgegengesetzter Richtung auseinander. Ein Beobachter O_α, menschlicher oder rein materieller Natur, messe dann in einem Raumbereich R_α eine zweiwertige Observable $A(a)$ mit $A(a) = \pm 1$. Analoges geschehe für und mit β. a und b seien experimentelle Parameter, die die aktuelle Befindlichkeit der beiden Beobachter wiedergeben. Beispiele solcher dichotomischer Observabler sind die Spinmatrizen $\sigma_\alpha \cdot \vec{a}$ und $\sigma_\beta \cdot \vec{b}$, wobei die beiden Einheitsvektoren die Richtung inhomogener Magnetfelder angeben.

Wenn alle Messungen durchgeführt sind, haben wir zwei Sätze von Resultaten, nämlich $(A_1, A_2, \ldots A_N)$ und $(B_1, B_2, \ldots B_N)$, wobei A_i und B_i zu dem Teilchenpaar (α_i, β_i) gehören. Nicht vergessen: Die Resultate sind in jedem Fall gleich ± 1. Nun ist die sog. Korrelationsfunktion $P(a, b)$ als Mittelwert der einzelnen Ergebnisse gemäß

$$P(a,b) = \frac{1}{N}\sum_{i=1}^{N} A_i B_i \tag{6.37}$$

definiert. Da ja alle A_i und B_i und damit auch alle Produkte $A_i B_i \pm 1$ sind, ergibt sich aus dieser Definition

$$-1 \le P(a,b) \le +1\,. \tag{6.38}$$

Wir betrachten jetzt ein Ensemble von Paaren von Spin-1/2-Teilchen im Singulettzustand. Zum Einsatz kommen vier orthonormierte Gerätevektoren, und zwar $\vec{a}$ und $\vec{a}'$ für alle α_i und $\vec{b}$ und $\vec{b}'$ für alle β_i. Sie ergeben sich aus $\vec{a}$ durch sukzessive Drehung in der x-y-Ebene im Uhrzeigersinn um $\pi/4$: $\vec{a} \longrightarrow \vec{b} \longrightarrow \vec{a}' \longrightarrow \vec{b}'$:

$$\vec{a} = \begin{pmatrix} 1 \\ 0 \end{pmatrix} \quad \vec{b} = \frac{\sqrt{2}}{2}\begin{pmatrix} 1 \\ -1 \end{pmatrix} \quad \vec{a}' = \begin{pmatrix} 0 \\ -1 \end{pmatrix}$$
$$\vec{b}' = \frac{\sqrt{2}}{2}\begin{pmatrix} -1 \\ -1 \end{pmatrix} \tag{6.39}$$

Die Korrelationsfunktionen errechnen sich dann beispielsweise zu

$$P(a,b) \equiv P(\vec{a},\vec{b}) = \langle \eta_0 | \, \sigma_\alpha \cdot \vec{a} \otimes \sigma_\beta \cdot \vec{b} \, | \eta_0 \rangle = -\vec{a}\cdot\vec{b}\,, \tag{6.40}$$

wobei $|\eta_0\rangle$ den Singulettgrundzustand

$$|\eta_0\rangle = \frac{1}{\sqrt{2}}\left(|+1\rangle_\alpha \otimes |-1\rangle_\beta - |-1\rangle_\alpha \otimes |+1\rangle_\beta \right) \tag{6.41}$$

darstellt[2]. Wir führen die Messung auch mit den drei anderen Vektor-settings durch und erhalten auf diese Weise letztlich

$$\begin{aligned} \Delta \ &:= \ |P(a,b) - P(a,b')| + |P(a',b) + P(a',b')| &(6.42)\\ &= \ |\vec{a}\cdot\vec{b} - \vec{a}\cdot\vec{b}'| + |\vec{a}'\cdot\vec{b} + \vec{a}'\cdot\vec{b}'| &(6.43)\\ &= \ 2\sqrt{2}\,. &(6.44) \end{aligned}$$

Δ ist, da aus den vier Korrelationsfunktionen P zusammengesetzt, eine experimentell zugängliche Größe. Der Maximalwert, den sie erreichen kann, ist durch die QM in ihrer bekannten Form festgelegt. Was aber passiert, wenn wir jetzt verborgene Variable ins Spiel bringen?

Wir nehmen an, es gäbe sog. Elemente der Realität, λ, so, daß sie selbst zwar nicht meßbar sein *müssen* (!), aber dennoch alle Observablen mit bestimmen. Ihre Verteilung sei dergestalt, daß

$$\int \rho(\lambda)d\lambda = 1\,, \tag{6.45}$$

wobei dann also z. B. gelte

$$\sigma_\alpha \cdot \vec{a} \longrightarrow A(a,\lambda) = \pm 1\,. \tag{6.46}$$

Analoges gibt es für den anderen Wert a' und das zweite System β. Statt nun die Korrelationsfunktion P wie in Gleichung 6.40 als mittleres Produkt je zweier Ergebnisse darzustellen, müssen

---

[2]Die Rechnerei ist mühsam. Ein einzelner Term wie z. B. $\langle +1|_\alpha\, \sigma_\alpha\cdot\vec{a}\,|+1\rangle_\alpha$ ergibt sich aus $(1 \quad 0)\begin{pmatrix} a_3 & a_1 - ia_2 \\ a_1 + ia_2 & -a_3 \end{pmatrix}\begin{pmatrix} 1 \\ 0 \end{pmatrix}$ zu a_3.

wir jetzt folgendes ansetzen:

$$P(a,b) = \int \rho(\lambda) A(a,\lambda) B(b,\lambda) d\lambda \qquad (6.47)$$

Ähnliches gilt für $P(a,b')$.

$$\implies P(a,b) - P(a,b') = \int \rho(\lambda) A(a,\lambda) \left(\underbrace{B(b,\lambda) - B(b',\lambda)}_{=-2,\,0 \text{ oder } +2} \right) d\lambda$$

$$(6.48)$$

Wir bilden jetzt die Beträge und erhalten

$$\begin{aligned} |P(a,b) - P(a,b')| &= \int \rho(\lambda) d\lambda \cdot \int |A(a,\lambda)| \cdot \\ & \qquad |B(b,\lambda) - B(b',\lambda)| d\lambda \qquad (6.49) \\ &= \int \rho(\lambda) |B(b,\lambda) - B(b',\lambda)| d\lambda . \end{aligned}$$

$$(6.50)$$

Da $b = \pm 1$ und $b \neq b'$, mithin also $b' = \mp 1$, ist das Argument des Betrags in der letzten Formel entweder gleich $+2$ oder -2. Daraus ergibt sich letztlich $|P(a,b) - P(a,b')| = 2$. Führen wir nun die gleiche Analyse mit a' durch, ergibt sich $|P(a',b) + P(a',b')| = 0$, so daß wir in diesem Fall bei

$$\Delta = 2 \qquad (6.51)$$

enden. Denken wir jeweils daran, daß IN PRAXI die Bedingungen suboptimal sind oder sein können, so erhalten wir letztlich für die umfassenden Korrelationsfunktionen Δ die Grenzen

$$\Delta_{QM} \leq 2\sqrt{2} \text{ bzw. } \Delta_\lambda \leq 2 . \tag{6.52}$$

Mit Hilfe welcher Voraussetzungen wurde die Bellsche Ungleichung $\Delta_\lambda \leq 2$ erhalten?

- Wir betrachten ein Ensemble aus paarweise *zusammengehörenden* „Dingen" α_i und β_i und messen Ort und Impuls. Es zeigt sich, daß die Operatoren $\hat{Q}_\alpha - \hat{Q}_\beta$ einerseits und $\hat{P}_\alpha + \hat{P}_\beta$ andererseits miteinander vertauschen. Wir können daraus Werte für q_0 und p_0 berechnen. Dabei nutzen wir die Annahme, daß die relative Häufigkeit eines Ergebnisses bei einem Ensemble mit der gemittelten Wahrscheinlichkeit aller Individualereignisse übereinstimmt, d. h., daß das Ensemble nur ein Haufen voneinander *unabhängiger* Paare (A_i, B_i) und (A_j, B_j) ist. Es soll also keine wie auch immer geartete Wechselwirkung zwischen Paar i und Paar j geben.

- Die verschiedenen Messungen beeinflussn sich nicht wechselscitig.

- Der Begriff der Realität ist der triviale.

Wenn jetzt die Bellsche Ungleichung experimentell erfüllt ist, *gibt es* verborgene Variable, wobei man sich dann über deren Da- und So-und-so-Sein Gedanken machen müßte. *Wenn* es aber ein experimentelles Δ so gibt, daß $2 < \Delta \leq 2\sqrt{2}$, sind die Subsysteme α und β miteinander verschränkt, und wir können genau genommen nicht mehr von Teilchen oder Wellen sprechen, sondern nur mehr von zusammenhängenden Entitäten, den warticles, deren jeweilige Erscheinung von unserer Fragestellung abhängt. Nur unsere Wißbegier entscheidet, mit wem wir es zu tun haben.

Die experimentelle Entscheidung ist getroffen: Δ kann > 2 sein! Die Diskussion über die o. g. Voraussetzungen hat zahllose Wissenschaftler beschäftigt. Viele Auswege wurden gesucht, um das Konzept der verborgenen Variablen am Leben zu halten, aber ... wir müssen uns daran gewöhnen, daß warticles die Eigenschaft der *Verschränktheit* haben, die freilich auf dem Weg von der Mikro- zur Makrowelt verlorengeht. Eine makroskopische QM gibt es nicht!

Kapitel 7

RES und $\chi\rho\acute{o}\nu o\varsigma$

Bevor wir zur Zusammenfassung des bisher Erreichten und zumindest Angedachten kommen, müssen wir einige wesentliche Grundbegriffe analysieren, wobei wir uns auch an Heidegger orientieren [24].

Der Begriff der Realität wird von den meisten Physikern im Sinne von „da gibt es halt was" gedeutet. Selbst triviale Unterscheidungen, wie z. B. ob „das" menschengemacht oder irgendwie A PRIORI vorhanden sei, spielen nicht so oft eine Rolle. Oftmals tut man so, als wäre die Bedeutung sowieso klar. Aber dem ist beileibe nicht so.

Realität leitet sich vom lateinischen RES ab, das als feminines Subjekt für so Unterschiedliches wie Sache, Ding und Tat stehen kann. Republik (= RES PUBLICA) bezeichnet die öffentliche

Sache, also das, was alle angeht[1]. Die RES PRIVATA ist demgegenüber das gewöhnliche, übliche Zeug des Einzelnen. Auf dieser Basis können wir Realität im heutigen Sinne am besten als das Gegebene oder Gemachte verstehen; sicher *nicht* als der Raum oder Bereich, in dem etwas „einfach so" existiert (oder gar ek-sistiert?). Real ist sicher nicht das, was uns quasi gott- oder naturgegeben umgibt. Real ist eher dasjenige, was uns als Gemachtes, Erzeugtes umgibt, also was sich auf uns bezieht. In diesem Sinne ist jede Welt eine reale Welt, und physikalische Realität kann nur das besitzen, was in den Termini der Physik zu uns steht, das Phänomen. Letzteres, τò φαινόμενον, ist das sichtbar Gemachte, das Offenbarte, das, was immer schon da war, jetzt aber erst zu Tage tritt: Vom Da-Sein zum In-der-Welt-Sein.

Als zugehöriges Verb bietet sich vor allem FACERE an, das man am besten mit machen oder tun übersetzt. Davon leitet sich das lateinische FACTUM ab. Wenn wir also von Fakten sprechen, geht es nicht um unverrückbare, irgendwie von auen gegebene Tatsachen[2] Nehmen wir als Beispiel einen Stein. Er kann uns als Findling begegnen oder als Statue. Im ersten Fall ist er „natürlich" , im zweiten bearbeitet, also ein Gemachtes. Da-Sein vs. So-und-so-Sein. Schon die Römer tendierten offenbar dazu, diese beiden Seinsarten miteinander zu verwechseln, denn

---

[1]Das bezieht sich auf die später glorifizierte Staatsform der Römer, nämlich eben die Republik im Gegensatz zur Alleinherrschaft im Königtum.

[2]Merke: Eine Tatsache (=Tat-Sache) ist eine Sache, ein Ding, was durch eine oder aus einer Tat entsteht. Tatsachen entstehen also durch menschliches Tun. Sie sind nicht A PRIORI gegeben, sondernA POSTERIORI, *nach* dem Tun, als Ergebnis des Tuns.

beides kann RES sein.

Fazit: Ein Element der physikalischen Realität kann daher nur eine vom Menschen erdachte oder erwirkte Sache oder ein solches Ding sein oder eine solche Tat, die mit Physikalischem verbunden ist wie z. B. Strahlung, Temperatur, Masse, Teilchen, die dem Menschen zuhanden ist bzw. sind. Die Masse eines Teilchenschwerpunkts oder die Temperatur eines Liters einer Flüssigkeit sind solche Elemente der physikalischen Realität. Ihnen lassen sich u. a. mathematische Größen zuordnen.

Mit $\chi\rho\acute{o}\nu o\varsigma$, der Zeit, verhält es sich so: Sie begegnet uns zunächst in der Veränderung des Seienden. Wir erleben oder gestalten Seiendes - und pausieren. Einige Zeit später - und da sehen wir schon, wie sehr wir diesen Begriff benötigen - schauen wir nach, ob und - wenn ja - was sich ereignet hat. Diese Differenz zwischen vorher und nachher verbinden wir mit dem Begriff „Zeit". Der Vänderung wollen wir ein Maß verleihen. Daher fragen wir nach einer Zahl für den Verlauf, die uns die Weile angibt, die die Veränderung braucht. „Es hat zwei Stunden gedauert, bis ..." ist Zahl in Verbindung mit Maß. Es ist eine Zeit*spanne*, nicht die Zeit selbst. „zwei Stunden" sagt uns, wie lange das Seiende auf dem Zeitpfeil verbringt, bis wir wieder nachschauen, was los ist. Die Zeit selbst ist es nicht.

»Das Dasein hat in sich selbst die Möglichkeit, sich mit seinem Tod zusammenzufinden als der äußersten Möglichkeit seiner selbst.« [25] Da-Sein ist, wie Heidegger an anderer Stelle sagt, das Vorlaufen zum Tode. Das rechtfertigt, daß wir im Falle von Schrödingers Stubentiger sowohl ψ_L als auch ψ_T zur Beschreibung des Vorgangs nutzen. Dieses Vorlaufen geschieht, wie Heidegger an anderer Stelle ebd. sagt, nicht etwa *in* der Zeit sondern es *ist die Zeit selbst*! Zeit also ist der Lauf vom Vorbei über das Jetzt in die Zukunft, also in dasjenige, was zu uns kommt. Zeit besteht nicht aus Intervallen; die lesen wir nur auf einer Skala ab. Zeit ist die Bewegung selbst. Die Uhr gibt uns Zahlenfetischisten eine Zahl für das Jetzt, aber keine Uhr sagt je etwas über Zukunft oder Vergangenheit. Die Uhr bringt die Zeit in das Wieviel. Sie gibt uns nur das Wielange meines Wartens bis zu dem besagten Jetzt [26].

Wir sehen: Wenn wir Zeit als Uhrzeit definieren, verlieren wir ihren ursprünglichen Sinn: Abstand zweier Markierungen (meßbar) vs. Da-Sein. Die Zeit ist stete Bewegung ihrer selbst. Daher wird klar: Es kann keinen Zeitoperator geben, bestenfalls einen Abstandsoperator zweier Punkte, die wir mit Jetzt_1 und Jetzt_2 definieren. Und daher wird auch klar: Die QM erfaßt nicht das Da-Sein, nicht die Dinge an sich, sondern die *Zustände* derselben. Also: Nicht $\psi_{\text{Da-Sein}}$, sondern $\psi_{\text{So-und-so-Sein}}$. Ob die Katze lebt oder tot ist - sie ist immer noch *da*; und deshalb Gegenstand der QM, zumindest bis die Verwesungsbakterien ihr Werk vollbracht haben. Anders gesagt: Im Alter wird Zeit wegen des Vorlaufens zum Tode weniger und damit kostbarer. Die Abstände einzelner Erlebnispunkte bleiben jedoch gleich.

Kapitel 8

Zusammenfassung

8.1 Ebendiese

In dieser Abhandlung geht es darum, die mannigfachen, vermeintlich dem gesunden Menschenverstand widersprechenden Facetten der Quantenmechanik (QM) auf der Basis eines neuen, wohldurchdachten philosophischen Kontexts zu erläutern und zugänglich zu machen. Es geht *nicht* darum, die historische Entwicklung der QM nachzuzeichnen.

1. Schrödingers Katze: Man nehme einen Stubentiger und packe ihn zusammen mit den folgenden Ingredienzien in eine abzuschließende Box: ein radioaktives Präparat mit der Halbwertszeit $\tau = 1$ Stunde, ein Geigerzähler mit angeschlossenem Hämmerchen und ein Glaskolben

gefüllt mir Blausäure. Dann startet die Zeit. Was ist zum Zeitpunkt $t = \tau$? Das Präparat ist jetzt mit einer Wahrscheinlichkeit von 50% zerfallen. Aber: Was ist Wahrscheinlichkeit? Befindet sich in der Kiste jetzt eine 50:50-Mischung aus lebender und toter Katze - ein Zombie? Oder eine Mischung aus ψ_L und ψ_T - oder etwa gar nichts, bis wir die Kiste öffnen? Was beschreibt ψ eigentlich? Die Katze als Wesen oder den Zustand der Katze oder lediglich unser Wissen über die Katze?

Offenbar haben wir es mit einem Kämpfchen zwischen trivialem Realismus einerseits und Bohrs harter Gegenposition andererseits zu tun, in der die CAUSA Katze überhaupt nur dann relevant wird, wenn man den Behälter des Stubentigers *öffnet*. Das erinnert sehr an den Positivismus-Streit, der das Denken nach dem I. Weltkrieg bestimmt hat.

Die Katze als Makro-Objekt ist nur schlecht als Objekt für die QM geeignet, aber ihr So-und-so-Sein kann durchaus quantisch betrachtet werden. Also: ψ als mathematische Formel für das jeweilige So-und-so-Sein macht durchaus Sinn, und daher ist der Zustand der Katze im Kübel auch sinnvoll mit den Größen ψ_L für die lebende und ψ_T für die tote Katze zu beschreiben, und es gilt die Gleichung

$$\psi(t) = c_L(t)\psi_L + c_T(t)\psi_T \,.$$

Die beiden t-abhängigen Koeffizienten seien zunächst einfach nur deshalb komplexe Zahlen, um uns möglichst viele Beschreibungsgrade offen zu halten, Freiheitsgrade für die Beschreibung des Todes. Es zeigt sich dabei, daß die Zustände Leben und Tod nicht orthogonal zueinander sind, sondern es gilt: $\langle \psi_L | \psi_T \rangle = i$. Der wechselseitige Überlapp ist also nicht orthogonal sondern imaginär. i ist eindeutig etwas anderes als die 0 - und das bedarf weiterer Untersuchung.

Wir fassen zusammen: ψ steht nicht für die *Kenntnis über* das Subjekt (Bohr). ψ steht auch nicht für das Objekt an sich (Schrödinger). ψ steht für die Eigenheiten des Objekts, für das So-und-so-Sein.

2. Die allgemeine Form der Unschärferelation, Gleichung 3.21, entspringt der Cauchy-Schwarz-Ungleichung, wenn wir sie auf zwei phsyikalische Größen übertragen. Wir verstehen Wahrscheinlichkeit als Häufigkeit des Sich-Ereignens bei oftmaliger Wiederholung ein und derselben Prozedur. Bei Anwendung auf die QM zeigt sich, daß, weil $\hat{Q}$ und $\hat{P}$ gerade eben *nicht* kommutieren, Gleichung 3.22 gilt. Es gibt also je nach dem Gebilde, das wir betrachten, Eigenschaften, die gleichzeitig auftreten oder vorhanden oder realisiert sind, und solche, für die dies nicht gilt. Im ersten Fall haben wir es mit Makrosystemen zu tun, im zweiten Fall mit mikro-Systemen oder -gebilden. Die gibt es eben nur in beschränkter Form. Mikrowelt $\neq$ Makrowelt; erstere ist *klein*, und das heißt, sie entsteht aus der Makrowelt durch Zusammenschrumpeln, also durch Reduzieren der Freiheitsgrade, also durch Zusammenfallen der Differenzierung im Mikrobereich.

Der Mößbauer-Effekt zeigt genau dieses Verhältnis: ΔE

und Δx sind, miteinander multipliziert, praktisch gleich 0, aber nur dadurch, daß wir „makro" (Δx) und „mikro" (ΔE) miteinander verheiraten.

3. Wir untersuchen den Übergang von klM zu QM mit Hilfe harmonischer Schwingungen im makro- vs. mikro-Bereich. Es zeigt sich dabei durch umfangreiche Berechnungen, daß eine solche *unification* mathematisch unmöglich ist! Bei jedem Ansatz entsteht Chaos. Allerdings: Beide Theorien sind vonnöten, zusammengefaßt sind sie komplementär, und ob das mit der Heirat klappt, ist fraglich.

   Ghirardi, Rimini und Weber ($\equiv$ GRW) haben sich an diese Verheiratung gewagt. Es gibt mindestens drei Kriterien für die Unterscheidung der jeweiligen Zuständigkeitsbereiche. Zum einen können wir mikro- vs. makro-Welt betrachten, d. h. die Unterscheidung über das schiere Grössenverhältnis der Objekte der QM vs. der klM vollziehen. Besser geeignet erscheint eine Unterscheidung der Observablen zwischen solchen, die eine abelsche Gruppe bilden, und solchen, die zu einer nicht-abelschen Gruppe gehören. Im ersten Fall kommutieren die entsprechenden Operatoren, im zweiten Fall nicht. In der Regel gehören die kommutierenden zur Makrowelt, die nicht-kommutierenden zur Mikro-Variante.

   Für das Verhältnis von klM und QM können wir also folgendes probieren:

   - Mikro vs. makro. Wir machen den Unterschied also an der schieren Größe des Systems, Dinges oder

Ensembles fest. Dieser Versuch führt aber nicht wirklich zum Ziel, denn es gibt einen erheblichen Überlappungsbereich, wo eigentlich nicht die Anzahl der Dinge sondern die Art der Fragestellung darauf hinweisen, ob eher quantisch oder klassisch gearbeitet werden muß.

- Statt nach der Systemgröße können wir nach den Eigenheiten der Observablen fragen. In der klassischen Domäne kommutieren alle Observablen miteinander. Sie bilden eine abelsche Gruppe. Im Gegensatz dazu wissen wir aber, daß es in der QM auch nicht kommutierende Observable gibt, die demzufolge zu einer *nicht* abelschen Gruppe gehören. Betrachten wir jedoch Ort und Impuls: In der QM - nehmen wir ein Elektron als Beispiel - gehorchen die beiden der Heisenbergschen Unschärferelation. Demgegenüber ist beim Fußballspiel $\Delta q \cdot \Delta p$ in brillianter Näherung gleich 0 - sofern der Videobeweis stimmt. Die Betrachtung abelsch vs. nicht abelsch ist also kein brauchbares Kriterium, um die beiden Theoreiareale voneinander zu trennen.

- Generell verstehen wir unter einem Zustand das jeweilige So-und-so-Sein sowie seine Manifestation in einem Zahlenwert. Wir unterscheiden dabei anhand simpler Kriterien zwischen reinen Zuständen, die häufig in der QM auftreten und gemischten, die einem auch in der klM begegnen. Der Unterschied besteht im Vorhandensein von

Interferenztermen. Mit der GRW-Gleichung, einer Variante der Liouville-Gleichung, versuchen deren Autoren, eine Brücke zwischen QM und klM zu schlagen. Dabei machen sie Gebrauch von N, der Anzahl der Teilchen im fraglichen System, einem Lokalisierungsoperator und zwei frei wählbaren Parametern, α und λ, die das Umkippen QM $\longleftrightarrow$ klM steuern. Der generelle Nutzen dieser subjektiven Grenzziehung bleibt noch offen.

Fazit: Noch haben wir die Lösung nicht.

4. Das So-und-so-Sein des Einzelnen ist das Teilchen, das So-und-so-Sein des Ensembles, des Vielen, ist die Welle. Das Ensemble schwingt als *ein* Wesen, nicht das Einzelne. Anders gesagt: Je nach der experimentellen Frage *erscheint* das warticle als wave oder particle.

   Wofür steht ψ? Für das Da-Sein im Sinne von „es ist"? Oder für die bloße Kenntnis durch menschliches Tun? Nichts von beidem! ψ repräsentiert (in einer Formelsprache) das So-und-so-Sein des schieren Da-Seins. Mehr gibt es dazu nicht zu sagen.

5. In der guten, alten Zeit waren die Dinge bzw. Umstände noch einfach: Das, was gemessen werden soll, eine Eigenschaft des Gegen-stands, und das Messende - der Apparat, das Gerät - westen (vom Verb wesen, sein) auf der selben theoretischen Ebene, nämlich der klassischen Physik. Mit dem Auftreten der Quantenmechanik entwickelte sich ein Problem: Die jetzt

interessierenden Gegenstände, Elemente der Mikrowelt, unterlagen der QM, die Meßgeräte hingegen gehörten bzw. gehören nach wie vor in das Reich der klM. Es lag auf der Hand, daß die Wechselwirkung zwischen Beobachtungsobjekt und Apparat *quantisch* beschrieben werden muß. Aber da ergibt sich ein fundamentales Problem: Es entsteht eine Superposition makroskopisch unterscheidbarer Zustände! Man stelle sich nur vor: Der Zeiger (mit der Masse 20 g) eines notgedrungen makroskopischen Geräts befinde sich *gleichzeitig* in n jeweils um 10° voneinander abweichenden Positionen, die überlappen. Wie um alles in der Welt soll das sein? Wir müssen die Frage angehen, wie die Vielfalt der Quantenwelt in die Eindeutigkeit der klassischen übergehen kann.

6. ψ ist das So-und-so-Sein eines warticles in einer mathematischen Umgebung. Das Wissen über das warticle ergibt sich aus ψ durch Extraktion mithilfe eines Operators. Zeit ist keine Eigenschaft des warticles sondern der Ereignisraum für dessen Eigenschaften. Sie *ermöglicht* also dessen So-und-so-Sein.

Der Dichter sagt: Zwei Seelen wohnen, ach, in seiner Brust! Gemeint ist das warticle, dessen So-und-so-Sein, nicht sein schieres Da-Sein, von den Fragen abhängt, die wir an es richten: Ort und kinetische Energie sind nicht gleichzeitig fragbar. Wenn wir nach dem einen fragen, erhalten wir keine präzise Antwort auf das andere. Wenn Bewegung stattfindet, können wir nichts genaues über den Ort erfahren, denn selbiger ändert sich ja von t_1 zu t_2.

Und wenn wir, vom Forschen erschöpft, auf das warticle schauen, erscheint es uns als bewegt, als - salopp gesagt - verschmiert, weil sein Ort (LOCUS) de-lokalisiert ist. Ein Wunder ist das nicht; eher würde man es für „das normalste von der Welt" halten.

7. Wir betrachten ein Ensemble von Paaren von warticles, (α_i, β_i), die durch Zerfall je eines Vorgängers $(\alpha_i + \beta_i)$ in die beiden Bestandteile α_i und β_i entstehen. Die beiden Produkte trennen sich voneinander so, daß danach weder α_i noch β_i geschweige denn die Resultate des i- von denen des j-Zerfalls wechselseitig im Rahmen der speziellen Relativitätstheorie beeinflusst werden können. Nun werden Messungen an beiden Subensembles mit vier verschiedenen experimentellen Einstellungen durchgeführt und daraus eine sog. Korrelationsfunktion Δ berechnet. Wenn wir Feinde des quantenmechanischen Unbestimmtheitsdenkens sind und lieber irgendeiner Art von Realismus frönen, können wir sog. verborgene (metaphysische?) Variable λ einführen, die zwar selber nicht beobachtbar sind, aber den experimentellen output mit bestimmen. Dabei ergibt sich als obere Schranke: $\Delta_\lambda \leq 2$ (Bellsche Ungleichung). Im Rahmen der QM jedoch gibt es realisierbare Zustände von warticle-Paaren, die zu $\Delta_{QM} > 2$ und $\leq 2\sqrt{2}$ führen, also Bells Ungleichung verletzen. Experimentell wird diese Aussage bestätigt. Fazit: Solche Zustände repräsentieren eine nicht-klassische und gerade deshalb eine hochinteressante *Verschränkung* elementarer Dinge. Eine ausführliche Darstellung, auch

der vielfältigen Konsequenzen und Möglichkeiten der Verschränktheit würden den Rahmen dieser Abhandlung sprengen. Der Leser sei auf das wertvolle Buch von Audretsch [27] verwiesen.

8. Zu guter Letzt: Vor Jahren begann anläßlich einer Physiker-Tagung ein älterer Kollege seinen Diskussionsbeitrag mit den Worten »Let Ψ be the wavefunction of the universe ... « - welch ein Unsinn! Denken Sie bitte darüber nach. Über der/die/das Ψ des *Kollegen* kann man natürlich reden, sofern man diese mathematische Größe nicht auf sein Da-Sein sondern lediglich auf einen oder mehrere oder alle Aspekte seines So-und-so-Seins bezieht. Dieser Quantensprech ist nicht nur grundsätzlich möglich, sondern er kann auch sinnvoll sein. Im Fall der Katze erscheint er zwar auf den ersten Blick sinnlos, denn Leben und Tod lassen sich doch - wenn überhaupt - im klassischen Weltbild leichter bereden, aber vielleicht bietet uns $\langle \psi_L | \psi_T \rangle = i$ (oder etwa $-i$?), die imaginäre Verschränkung von Leben und Tod, doch einen Blick über unseren Tellerrand hinaus.

8.2 Schlußbemerkung

Worum geht es? Ziel dieser Abhandlung ist es, Quanten- und klassische Mechanik (QM und klM) auf der Basis *einer* philosophischen Weltsicht zu denken. Dafür bietet sich das Werk Martin Heideggers an. Wir unterscheiden dabei das Sein an sich, das gewordene Sein, nämlich das Seiende, und das Da-Sein. *Da* ist dasjenige, was uns quasi gegenüber steht, was „da" ist. Das Seiende hat ein Da-Sein, denn es ist schlicht und ergreifend „da" . Dem Seienden ist es, salopp gesagt, völlig egal, ob es sich um einen Gegenstand oder ein Objekt oder sonst etwas aus QM oder klM handelt. Wesentlich ist das jeweilige So-und-so-Sein, also: *Wie* ist *es* beschaffen?

Die Antwort auf diese Frage hängt davon ab, wie wir sie stellen. Je nachdem erschlieen sich verschiedene Facetten des So-und-so. Fragen wir nach einer Teilcheneigenschaft, so erhalten wir eine Auskunft über das, was typisch für ein Teilchen ist. Fragen wir umgekehrt nach einer Welleneigenschaft, so erhalten wir eine „wellige" Antwort. Das „Ding" ist ein warticle. Die Seite, die es uns zeigt, ist von der Frage abhängig.

Das bedeutet *nicht im geringsten*, daß wie im Sinne der Kopenhagener Interpretation das Da-Sein von unserer Suche nach Erkenntnis abhängt. Vielmehr hängt die sich öffnende **Facette** des *So-und-so*-Seins von der Suche bzw. der Frage ab. Und nur auf diese Weise gibt es keinen essentiellen Widerspruch zwischen QM und klM. Letztlich ist alles nur eine Frage des Fragezeichens.

Literaturverzeichnis

[1] J. Audretsch und K. Mainzer, Hrsg., *Wieviele Leben hat Schrödingers Katze?*, BI Wissenschaftsverlag, Mannheim 1990, insbes. der Beitrag von G. Ludwig, S. 183 ff.

[2] L. Zülicke, *Quantenchemie Band 1*, VEB Deutscher Verlag der Wissenschaften, Berlin 1973, S. 77 f.

[3] G. Grawert, *Quantenmechanik*, Akademische Verlagsgesellschaft, Wiesbaden 1977^3, S. 52

[4] H. Primas und U. Müller-Herold, *Elementare Quantenchemie*, Teubner, Stuttgart 1984, S. 34

[5] L. E. Ballentine, *Quantum Mechanics: A Modern Development*, World Scientific, Singapore et al. 1998, S. 223 ff.

[6] H. Preuß, *Materie ist nicht materiell*, Vieweg, Braunschweig 1997, S. 114

[7] M. Drieschner, *Voraussage - Wahrscheinlichkeit - Objekt*, Lecture Notes in Physics 99, Springer, Berlin et al. 1979, S. 150

[8] E. Kamke, *Differentialgleichungen - Lösungsmethoden und Lösungen I*, Teubner, Stuttgart 1977

[9] G. C. Ghirardi, A. Rimini und T. Weber, Phys. Rev. D **34**, 470 (1986)

[10] L. E. Ballentine, loc. cit., S. 52 f.

[11] H. Primas und U. Müller-Herold, loc. cit., S. 136 f.

[12] W. Franz, *Quantentheorie*, Springer, Berlin et al. 1970, S. 36

[13] O. Passon, *Bohmsche Mechanik*, Harri Deutsch, Frankfurt a. M. 2004

[14] F. Selleri, *Die Debatte um die Quantentheorie*, Vieweg, Braunschweig 1984^2

[15] R. Omnès, *The Interpretation of Quantum Mechanics*, Princeton University Press, Princeton 1994, S. 43 f.

[16] L. E. Ballentine, loc. cit., S. 390 f.

[17] R. Omnès, loc. cit., S. 72 ff.

[18] entnommen: L. Jäger, *Heidegger - ein deutsches Leben*, Rowohlt, Berlin 2021, S. 55

[19] M. Heidegger, *Der Begriff der Zeit*, Max Niemeyer, Tübingen 1995^2, S. 19 f.

[20] M. Heidegger, loc. cit. (1995^2), S. 24

[21] H. Primas, *Time-Entanglement Between Mind and Matter*, Mind and Matter **1**, 81 (2003)

[22] A. Einstein, B. Podolsky und N. Rosen, Phys. Rev. **47**, 777 (1935)

[23] D. Home und F. Selleri, Riv. Nuovo Cimento **14** No. 9, 1 (1991)

[24] M. Heidegger, *Grundbegriffe*, Gesamtausgabe Band 51, Vittorio Klostermann, Frankfurt a. M. 1981

[25] M. Heidegger, loc. cit. (1981), S. 16

[26] M. Heidegger, loc. cit. (1981), S. 22 f.

[27] J. Audretsch, *Verschränkte Systeme*, WILEY-VCH, Weinheim 2005